恐龙图鉴 给儿童的恐龙百科全书

恐龙灭绝后的史前怪兽

[英] 英国琥珀出版公司 / 编著　　王凌宇 / 译

甘肃科学技术出版社

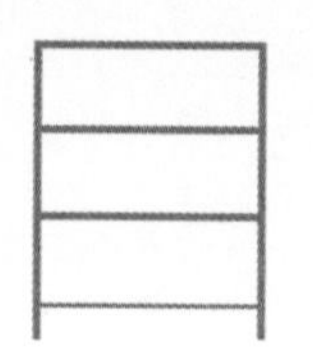 

目 录

异齿龙

水龙兽

导言

地球生命的历史是一个具有永恒吸引力的话题，它让我们明白自身的起源以及我们在这庞大的生命空间中的位置。伴随着每一个全新的发现或是对过去的重新解释，我们的生物学视角被不断转换。演化过程的时间跨度之大、所产生的物种之多样，让我们为之折服。当我们在思索那消逝的世界以及那里奇特的居民时，我们的想象力会被激发，这是其他任何事物都无可比拟的。

为了复原我们星球的生物历史，我们必须成为一名侦探。在复原生物历史时，我们除了依靠现存生物的基因数据外，还可以依靠化石。化石是那些远古物种留下的痕迹，是我们阐释和复原时的起点。但是要记住，即便一块化石保存得再完美，它也无法向我们展现故事的全貌。比如，一只被密封在琥珀里的昆虫，就没有证据

即便是最好的化石也留下了极大的想象空间，让我们可以去推测那些灭绝已久的生物的外貌与行为，比如这些腕龙。

庞大的角龙能不能用它们的后腿站立呢？我们可能无法知道准确答案，但可以做一些有根据的猜想。

记录它活着时的各种行为。绝大多数化石都无法被保存得很好，没法像昆虫被密封在树脂中一样“完美”。在近 40 亿年前，地球上活跃着数以万亿计的生物，而我们所拥有的标本只代表了其中极其微小的一部分而已。

随着越来越多且越来越优质的化石被发现，我们对这些史前动物的描述也在进一步清晰。毋庸置疑，我们比以前更加了解恐龙了。相较于浅海中巨大的无脊椎珊瑚礁群落来说，恐龙很难被保存在化石中，因为它是生活在陆地上和空中的脊椎动物。大部分恐龙在变成化石前，都会先被其他动物吃掉或是遭到风化，所以当我们研究恐龙时，常常只能研究一些化石残片。这些残片虽然诱人，但也很容易让人产生挫败感。

当你在阅读本书时，你会发现一些限定词被重复地使用，如“很可能”“可能”和“也许”。当古生物学家试图根据零碎的化石来复原生物时，他必须极其仔细。我们通常什么都无法完全确定，在研究生物行为的时候尤为如此。难道我们可以通过研究一具骨骼化石，就下结论说这只动物活着的时候会用它的前肢从潮湿的沙子中汲取水分，然后再通过它鳞片缝隙的毛细作用将水送到嘴角吗？这样的动物今天是存在的——现代的带刺恶魔棘蜥。我们又怎能猜到一种史前动物可能故意弄断它趾中的骨头，然后锋利的“爪”就可以从皮肤中长出来，就像一种名叫壮发蛙的现代青蛙所做的那样呢？

名字的意义

你可能也发现本书中一些生物属的词源并不确定。长久以来，使用拉丁文或希腊文给生物起名是一种标准的惯例。叫作双冠龙（双冠蜥蜴）的恐龙在头骨上长着两个冠，股薄鳄（细长的鳄鱼）真的是个细长的鳄鱼。可是，还有一些动物，我们无法通过简单粗暴地翻译它的名字就明白学者给它取名的原因。如果从字面翻译棱齿龙的名字，它的意思是“高冠状的牙齿”，但是更深入的研究表明，这个名字实际上是指“高冠蜥的牙齿”，这是因为它的牙齿和高冠蜥的牙齿很像。另外还有莫阿大学龙，它的名字翻译过来就是“莫阿大学的蜥蜴”，是根据德国格赖夫斯瓦尔德的恩斯特 - 莫里兹 - 阿德特大学命名的，这所大学就位于化石发现地的旁边。熟练掌握拉丁文和希腊文可能就无法让你正确解析这个名字咯！对于一些太久以前命名的生物属以及一些我们没有词源的生物属，我们已经尽力去解释那些名字可能传递的意义了。幸好，现代取名规则在取名之外，还要求解释取名原因。

恐龙的定义

人们对史前动物的信息求知若渴，基于各种复杂的原因，人们尤其渴望获得恐龙的信息。也因为各种各样的原因，外行人经常会误用“恐龙”这个词来代指“任何只能通过化石了解的、体形巨大的、灭绝已久的动物”。但科学家试图给“恐龙”赋予更精确的定义。对科学家而言，与体形大小、是否灭绝和如何保存这些特点相比，恐龙这个群体共同拥有的是更为具体的、独特的、有重大进化意义的特征。更何况现在我们已经意识到，恐龙也包括一些小型的、没有灭绝的动物，我们可以通过活标本（现代鸟类）去了解它们。因此，要定义“恐龙”这个词十分困难。

目前，对“恐龙”一词有两种被广泛接受的定义：① 三角龙和现代鸟类的最近共同祖先的所有后代；② 巨齿龙和禽龙的最近共同祖先的所有后代。第二个定义中提到了两种最先被科学描述的非鸟型恐龙。这两种定义包含了相同的动物群体，而且这些动物群体是分散的。但恐龙到底是什么意思呢？外行人当然不能只是看着一个生物体，就判断出它是三角龙和现代鸟类的最近共同祖先的后代或是巨齿龙和禽龙的最近共同祖先的后代。

如果我们细想一下上面被用来定义恐龙群体的那些物种，它们是具备了一些特

大家都知道暴龙是一种恐龙，但是要给“恐龙”这个词下个清晰的定义却难比登天。

征的，而且，这个群体中所有成员都会具备这些特征。这些特征包括肱骨、髂骨、小腿骨和距骨以及后肢站立的姿势。乍一看，这像是一套怪异又世俗的标准。用这样一套标准来定义这样一个充满魅力的群体，似乎很不合适。但是群体的一致性对于形成一个严格的定义来说至关重要。当我们在定义某生物群体时，我们会确定一些关键特征。然而，由于化石无法向我们展现整个生物群体的来龙去脉，所以我们总会发现某些生物化石，它们具备了许多特征，却无法囊括所有关键特征。那些靠近大型辐射进化（由一个祖先进化出各种不同新物种，以适应不同环境，形成一个同源的辐射状的进化系统）源头的生物化石就尤其是这样，比如恐龙。

这就是为什么我们会倾向于使用两个包含式的分类单元来下定义——新的生物体要么属于这两个分类单元，要么不属于。如果我们用一系列特征来定义一个生物群体，那么当某个生物体缺少其中一两个特征时，我们就只有两个选择，要么把这个新的生物体排除出去，要么就得无休止地修正我们的定义。

本套书根据地质年代，讲述了从寒武纪到第四纪（更新世）的 307 种史前动物，不仅有恐龙，还有许多其他史前动物。讲述每种动物时，使用相同的体例，方便读者阅读。

从 1970 年给双冠龙命名以来，我们对恐龙的认识比历史上任何时期都更加完善。

风神翼龙

目 · 翼龙目 · 科 · 神龙翼龙科 · 属 & 种 · 诺氏风神翼龙

风神翼龙是有史以来体形最大的飞行动物之一。相较于恐龙来说，称它为翼龙其实更合适，它会用巨大的翅膀滑翔。它的翼展或许可以达到 11 米长。

重要统计资料

化石位置：北美洲

食性：食肉动物

体重：100 千克

身长：11 米

身高：7 米

名字意义（指拉丁学名名字意义，后不赘述）：“有羽毛的蛇”，得名于阿兹特克文明和托尔铁克文明中披羽蛇神的名字

分布：人们首先在美国得克萨斯州的大弯国家公园发现了风神翼龙化石，后来在加拿大的阿尔伯塔也有发现

化石证据

风神翼龙很可能会用四足行走，但最适合它的还是飞行。它会伸出巨大的翅膀，在温暖的空气气流和微风中滑翔。风神翼龙中空的骨头薄如纸，支撑着符合空气动力学的轻盈身体。它的脖子非常长，头顶长有一个骨质冠。它生活在内陆，可能会在湖泊和河流之间捕鱼。它可能还会吃腐肉。

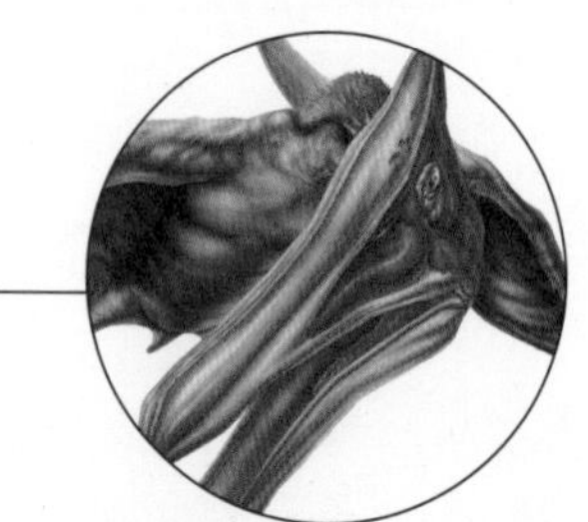

脖子

据估测，风神翼龙的脖子长达 2.4 米。因为脖子中有肌腱和肌肉，所以很僵硬，因此当风神翼龙飞行时，身体依旧可以保持流线型。

翅膀

风神翼龙的翅膀上长着一层革质膜，膜覆盖着它小小的身体，并从大腿一直延伸到长长的第四指。

史前动物
白垩纪晚期

时间轴（数百万年前）

540 | 505 | 438 | 408 | 360 | 280 | 248 | 208 | 146 | 65 | 1.8 至今

萨尔塔龙

目·蜥臀目·**科**·萨尔塔龙科·**属&种**·护甲萨尔塔龙

萨尔塔龙和许多食草恐龙一样，身体巨大，头部较小，脖子较长，因此能够伸展上身，够到长在高枝上的树叶或水果。

重要统计资料

化石位置：阿根廷

食性：食草动物

体重：1~7 吨

身长：12 米

身高：5 米

名字意义："萨尔塔的蜥蜴"，因为它是在阿根廷的萨尔塔省被发现的

分布：人们曾在南美洲的阿根廷西北部发现萨尔塔龙化石，发现地位于萨尔塔省周边地区

化石证据

人们在 1980 年发现了萨尔塔龙化石。虽然目前我们只在一个地方发现了萨尔塔龙，但有大量化石可供古生物学家研究。人们在阿根廷西北部的萨尔塔省发现了一些鸡蛋形或圆形的骨板，这些骨板曾经长在萨尔塔龙的背部，或许可以保护它不受捕食者攻击。骨板上长着成百上千的突起，突起的直径约为 6.7 毫米。人们已经发现了一些萨尔塔龙的部分骨架，其中包括脊椎、腿骨和颌骨。

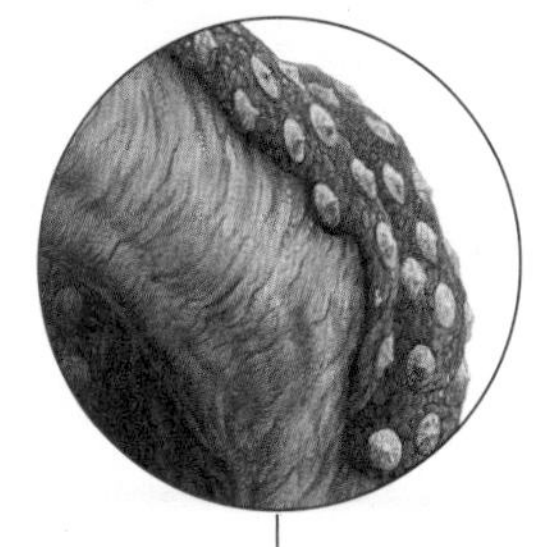

甲胄

萨尔塔龙的背部、尾巴以至颈部都覆盖有甲胄，这些甲胄可以很好地保护它。

蛋

1997 年，人们在阿根廷的巴塔哥尼亚地区发现了萨尔塔龙近亲的蛋化石。萨尔塔龙是一种体形很大的恐龙，不过这些近亲的蛋却只有差不多 12 厘米长。

恐龙
白垩纪晚期

时间轴（数百万年前）

540	505	438	408	360	280	248	208	146	65	1.8 至今

暴龙

重要统计资料

化石位置：北美洲

食性：食肉动物

体重：7 吨

身长：13 米

身高：4 米

名字意义："暴君蜥蜴"，因为它体形巨大

分布：暴龙化石遍布北美洲西部

化石证据

1874 年，人们在美国的科罗拉多州发现了一些暴龙的牙齿化石，这些牙齿的长度约为 33 厘米，这是人们发现的首批暴龙化石之一。1890 年，人们在怀俄明州发现了暴龙的头骨，随后在 1892 年又发现了它的脊椎碎片。1900 年，人们又在怀俄明州发现了第一具暴龙的部分骨架。

恐怖的暴龙可能是所有恐龙中最知名的。尽管暴龙并不是体形最大的恐龙，但人们通常认为它是有史以来最厉害的食肉动物。有一些兽脚亚目恐龙的体形比暴龙更大，如棘龙、鲨齿龙和南方巨兽龙。暴龙的身体长达 13 米。

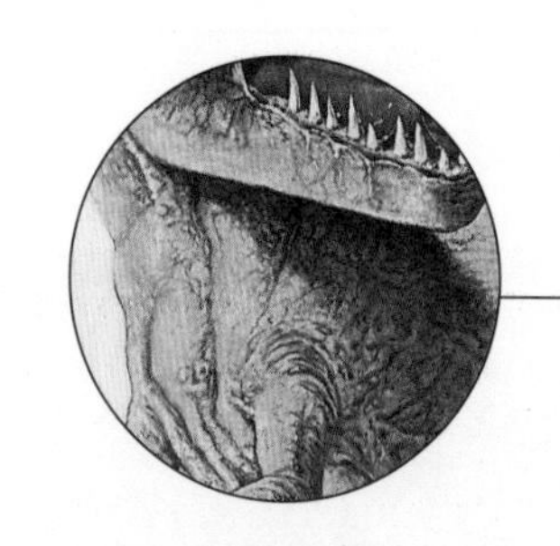

脖子

暴龙的脖子又短又厚，上面有着强壮的肌肉，从而能支撑起它超大的头部。

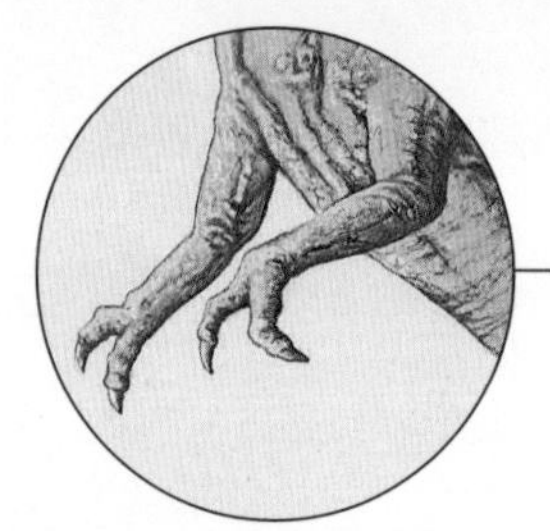

前肢

关于暴龙短小的前肢和长着两根指爪的手掌究竟能起什么作用，古生物学家的看法仍无法达成一致。

目 · 蜥臀目 · **科** · 暴龙科 · **属 & 种** · 君王暴龙

巨大的牙齿

在所有肉食恐龙中，暴龙的牙齿是最大的。它上颌的牙齿比大部分下颌牙齿更大，从牙根到锋利的牙尖，最大的牙齿长达 33 厘米。暴龙还有一些牙齿宛如刀片，其牙尖就像凿刀一样。暴龙上颌的门牙是紧密排列在一起的。

腿

人们曾经认为暴龙会依靠巨大的腿缓慢行走，但最近古生物学家认为，它或许能以一定的速度奔跑。

平衡能力

由于暴龙可以直立，因此它必须具备平衡能力。它的尾巴又大又重，其中有多达 40 块尾椎骨，可以与它的身体和巨大的头部保持平衡。暴龙的头部最长可达 1.5 米。不过由于暴龙的体形巨大，因此为了平衡它的体重，它身上的许多骨头都是中空的。暴龙的腿非常大，肌肉极其发达，而且从和身体的比例来说，它的腿可以算是所有恐龙中最长的。另外，暴龙的头骨中有微小的中空区域，可以减轻头骨重量。

时间轴（数百万年前）

540	505	438	408	360	280	248	208	146	65	1.8 至今

暴龙

暴龙活了多久？

对许多动物来说，物种的存活在某种程度上需要依靠庞大的数量，对暴龙来说可能也是如此。一些古生物学家认为，未成年暴龙的死亡率一般比较低。他们之所以这么认为，是因为他们很少发现未成年暴龙的化石，这说明未成年暴龙的死亡数量并不多。不过除此之外，可能还有许多原因可以解释为什么未成年暴龙的化石记录这么少。当一只年轻的暴龙长到 14 岁时，它会开始迅速生长，尽管生长速度会在 16 岁左右开始放缓，但是当它长到 18 岁左右时，仍然会增长 6000 千克。到那时，古生物学家认为暴龙已经发育成熟，并且能开始繁殖了。但是暴龙可能只有 6~10 年的时间用于繁殖，它们的平均寿命只有 28 年。

食肉牛龙

重要统计资料

化石位置：南美洲

食性：食肉动物

体重：1.73 吨

身长：7.5 米

身高：2.7 米

名字意义："食肉公牛"，因为它的角和公牛的很像，而且它是肉食性动物

分布：食肉牛龙曾经生活在南美洲的最南部，如今那片区域是巴塔哥尼亚地区，属于阿根廷和智利

化石证据

1985 年，人们发现了一具几乎完整的骨架，并将它命名为食肉牛龙。人们在描述食肉牛龙时，还描述了它身体右侧的皮肤。和一些类似的虚骨龙类兽脚亚目动物不同，食肉牛龙的皮肤上似乎没有羽毛，相反，上面长着成排的突起，而且越靠近脊椎，这些突起越大。

食肉牛龙生活在距今 9000 万年前的白垩纪时期。目前我们对于这种长相奇怪的恐龙只发现了一个物种——萨氏食肉牛龙。它的头部和斗牛犬的很像，而头上的角则和公牛的很像。食肉牛龙的前肢非常短，手特别小，手上长有四根指爪。和大多数恐龙不一样，食肉牛龙的眼睛有一点朝向前方，因此它可能具备一定程度的双眼视觉，也就是说，它可以用两只眼睛达到一定的景深知觉。

角

食肉牛龙的角和公牛的很像，它可能会用角来吸引配偶或以用头撞击的办法赶走对手。

目·蜥臀目·**科**·阿贝力龙科·**属 & 种**·萨氏食肉牛龙

人类与恐龙共存

人们从未和非鸟型恐龙同时生活在地球上，但如果真的出现了这样的情况，那么许多恐龙都会胜过人类。和暴龙这类恐龙相比，食肉牛龙并没有那么强壮，但它依旧比人类高出许多，而且行动速度也远远超过人类。

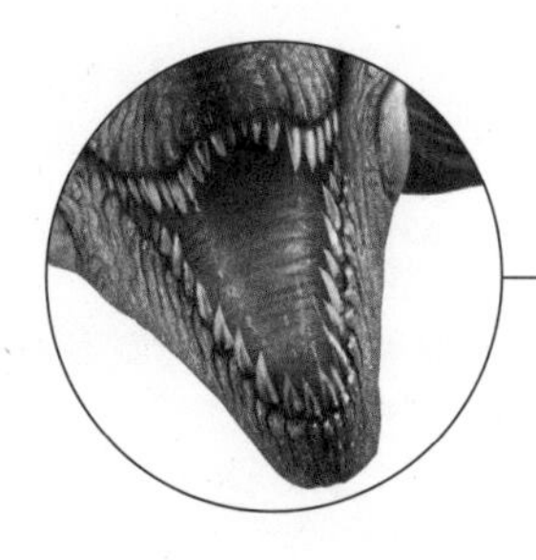

牙齿

食肉牛龙的上下颌长着紧密排列的牙齿，这说明它是顶级的食肉动物。

颌部

食肉牛龙看上去非常可怕，但它的下颌似乎不太强壮，以至于无法咬住猎物。

时间轴（数百万年前）

540	505	438	408	360	280	248	208	146	65	1.8 至今

食肉牛龙

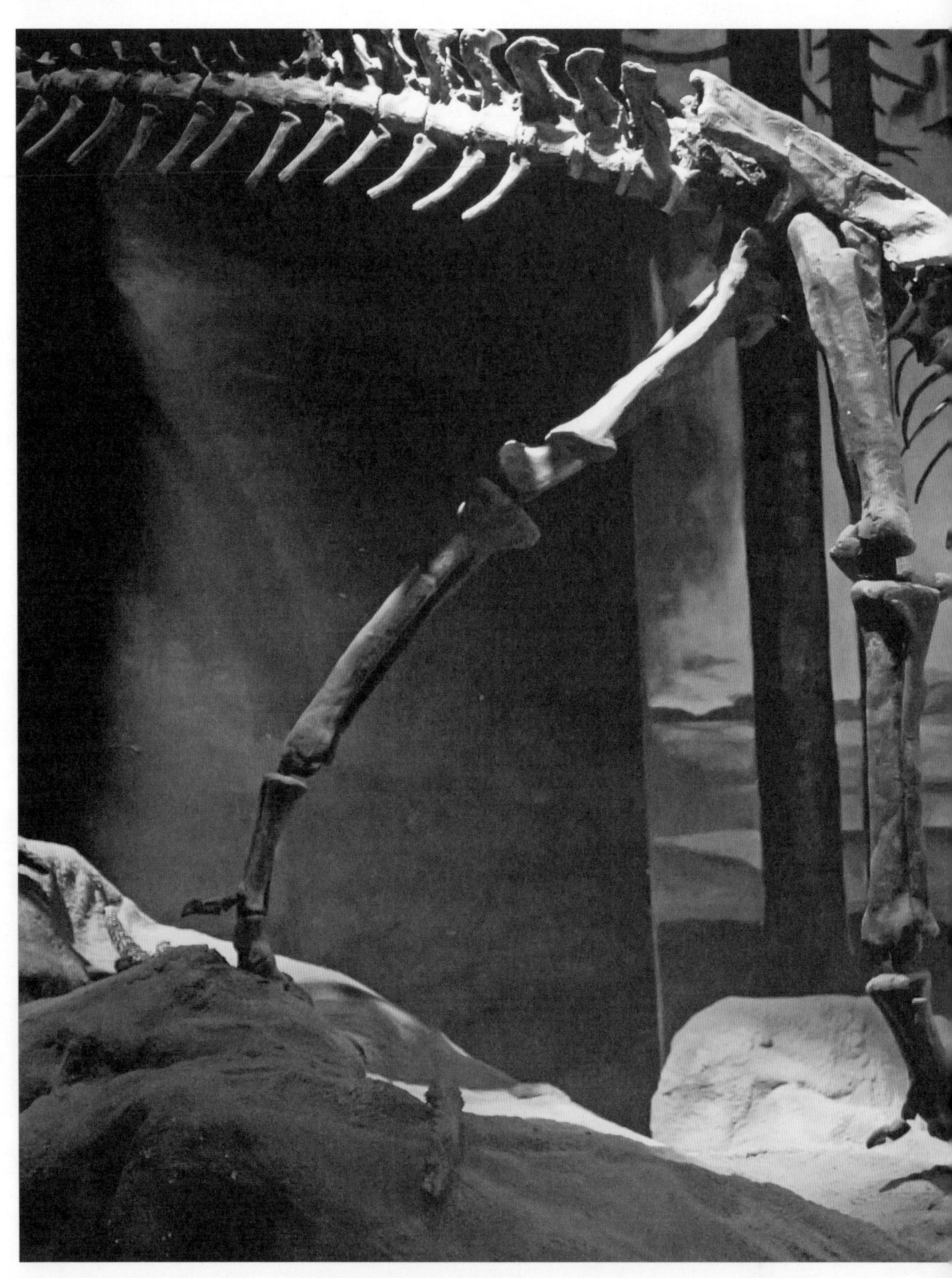

目·蜥臀目·**科**·阿贝力龙科·**属&种**·萨氏食肉牛龙

有史以来最奇怪的恐龙?

一些非常奇怪的恐龙都来自南美洲，食肉牛龙就是其中最好的代表。一些人认为食肉牛龙可以被称为“有史以来最奇怪的恐龙”。它是一种阿贝力龙科恐龙，属于兽脚亚目类。它的头骨很深，嘴中长满了刀片状的大牙齿。阿贝力龙属是以阿贝力龙科命名的，人们之所以称它为阿贝力龙，是为了纪念它的发现者罗伯特·阿贝力，他曾是西波列蒂省立博物馆的馆长。尽管食肉牛龙的头骨纵深很长，但是它的下颌又窄又无力，而且上颌特别短，因此它长着明显的塌鼻子。不过对于一只兽脚亚目动物来说，食肉牛龙的脖子又非常长，而且它的前肢也十分奇怪。长久以来，古生物学家一直十分困惑，若食肉牛龙真的会使用它的前肢，究竟会如何使用呢？和许多恐龙一样，相较于食肉牛龙巨大的身体而言，它的前肢很小。虽然它的上臂似乎比较强壮，但却非常短，这样的结构使食肉牛龙的前肢和爪都看上去发育十分不良。它的四根指爪中有一根指爪不过是一个向后的尖刺，而且手掌是向外的。

恐手龙

重要统计资料

化石位置：蒙古国

食性：很可能是杂食动物

体重：未知

身长：未知

身高：未知

名字意义："恐怖的手"，得名于它巨大的胳膊和爪子

分布：人们在中亚地区蒙古国南部的戈壁沙漠发现了恐手龙化石

化石证据

目前我们发现的恐手龙化石很少，不过根据已发现的两个前肢化石，我们可获得很多关于这种恐龙的信息。恐手龙的前肢末端长着爪子，和所有脊椎动物的爪子一样，这些爪子上也有角质鞘或"角"。角质鞘或"角"覆盖在骨头外面，长度可能达到 1 米。大部分古生物学家认为恐手龙是食肉动物，而非食草动物，它会用锋利的大爪子杀死猎物，并将之撕开。

恐手龙的物种名 mirificus 是拉丁语，意思是"特别的"或"奇特的"，准确地描述了围绕着这种恐龙的种种疑团。由于目前我们只发现了恐手龙的两只前肢——每只前肢长达 2.6 米，并长有一个镰刀状爪子——一些肋骨碎片和脊柱化石，因此研究这种恐龙就变得更加困难了。虽然恐手龙是一种兽脚亚目恐龙，但它可能是一种食草动物，可以用长长的前肢碰到并摘下头顶以上的树枝上的树叶、水果和其他食物。

前肢

恐手龙的前肢又长又强壮，因此它可以碰到树上的树叶，从而饱餐一顿。

腿

恐手龙的前肢巨大，据此我们可以推测出其身体应当很重，为了支撑沉重的身体，它的腿会巨大而强壮。

恐龙
白垩纪晚期

像鸟一样的恐龙

一些古生物学家认为恐手龙是一种像鸟一样的恐龙，在某种程度上就像鸵鸟一样，这就是为什么人们将它描述为似鸟龙，拆分开来就是模仿鸟类的恐龙（似鸟龙）。恐手龙或许还会用匕首般的巨大爪子扒开蚁穴，然后再吞食其中的蚂蚁，任何蚂蚁想要逃跑都会被它用强壮的喙叼住。

爪子

恐手龙可能会用锋利的大爪子杀死猎物，并将之撕开。

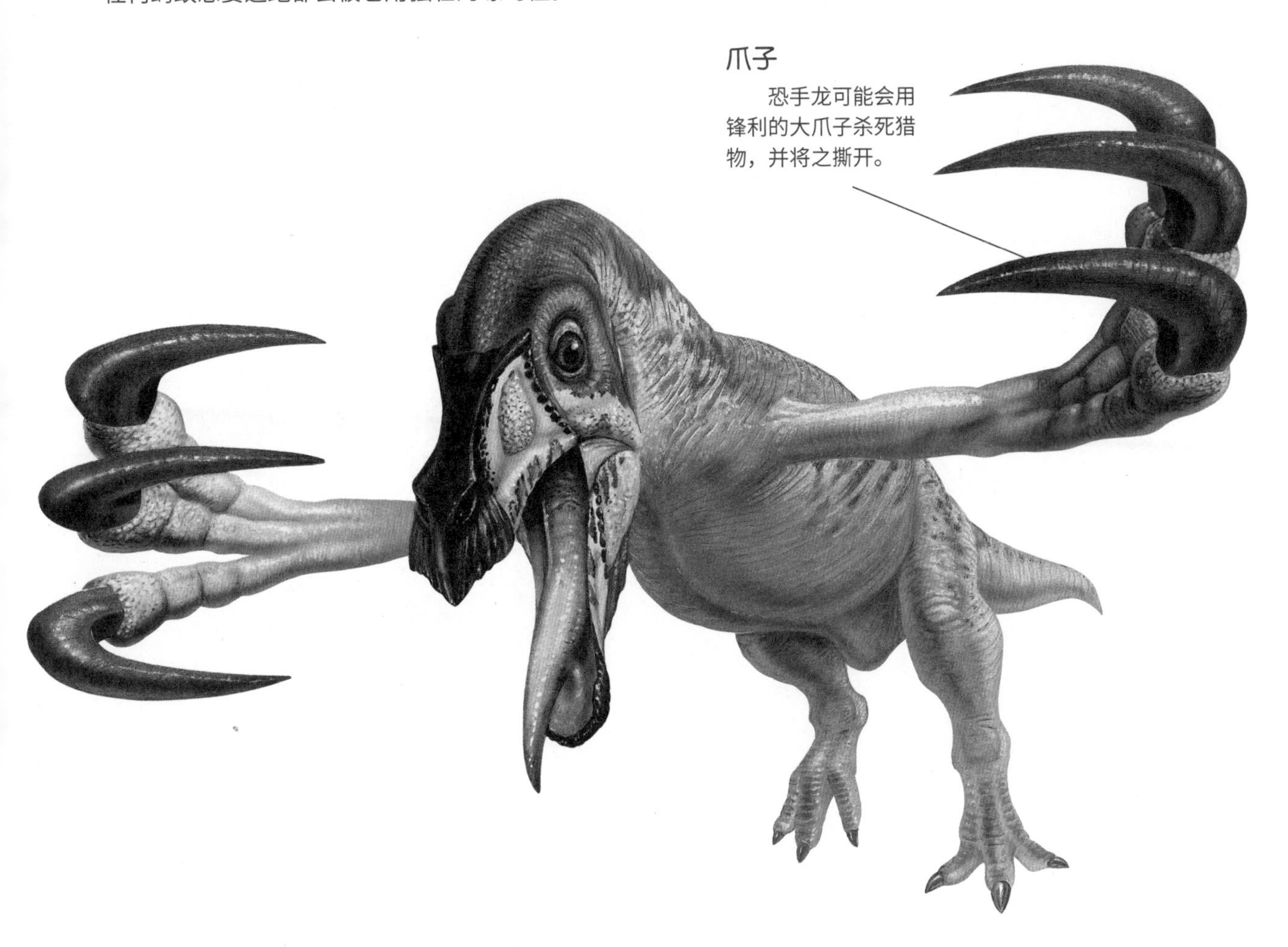

威慑捕食者

另一种关于恐手龙的理论认为，它并不是食肉动物，而是食草动物。恐手龙的每只手上各长着三个巨大的爪子，它会用强壮的前肢和爪子将树枝折断，然后再吃上面的叶子。在这种情况下，如果另一种动物想要攻击恐手龙，恐手龙或许可以毫不费力地保护自己。它弯曲的爪子极其锋利，可以有效地吓退大多数捕食者。

时间轴（数百万年前）

540 | 505 | 438 | 408 | 360 | 280 | 248 | 208 | 146 | 65 | 1.8 至今

埃德蒙顿甲龙

重要统计资料

化石位置：北美洲

食性：食草动物

体重：3.5 吨

身长：7 米

身高：2 米

名字意义："埃德蒙顿地区的恐龙"，得名于发现地加拿大的埃德蒙顿组岩层

分布：人们在加拿大阿尔伯塔的埃德蒙顿组地层和美国的蒙大拿州、南达科他州以及得克萨斯州都发现了埃德蒙顿甲龙化石

化石证据

埃德蒙顿甲龙是一种结节龙科甲龙，也就是说，它是一种长有甲胄的恐龙，但它短粗的尾巴上并没有骨锤。埃德蒙顿甲龙的体形十分笨重，会依靠四条粗壮的腿到处行走，脚很宽，上面长着五个脚趾。它的背部和尾巴上都长有甲胄，这些甲胄由大量骨板和尖刺组成。人们在埃德蒙顿组地层发现的化石属于长头埃德蒙顿甲龙这个物种，该种恐龙化石是在阿尔伯塔中部莫林村以西 11 千米的地方被发现的。

恐龙
白垩纪晚期

1924 年，人们在加拿大阿尔伯塔的埃德蒙顿组地层发现了一些化石，4 年之后，人们将之命名为埃德蒙顿甲龙。作为一种食草动物，埃德蒙顿甲龙或许不像食肉动物一样凶猛，不过在它的身体侧面长着怪异的巨大尖刺，埃德蒙顿甲龙可能会用这些尖刺保卫领地，并阻止竞争对手靠近它的配偶。当它遭到攻击时，可能还会用尖刺保护自己。除此之外，埃德蒙顿甲龙可能还会通过伏低身子进行自我防御，这样它没有甲胄保护的腹部就不会暴露给敌人了。

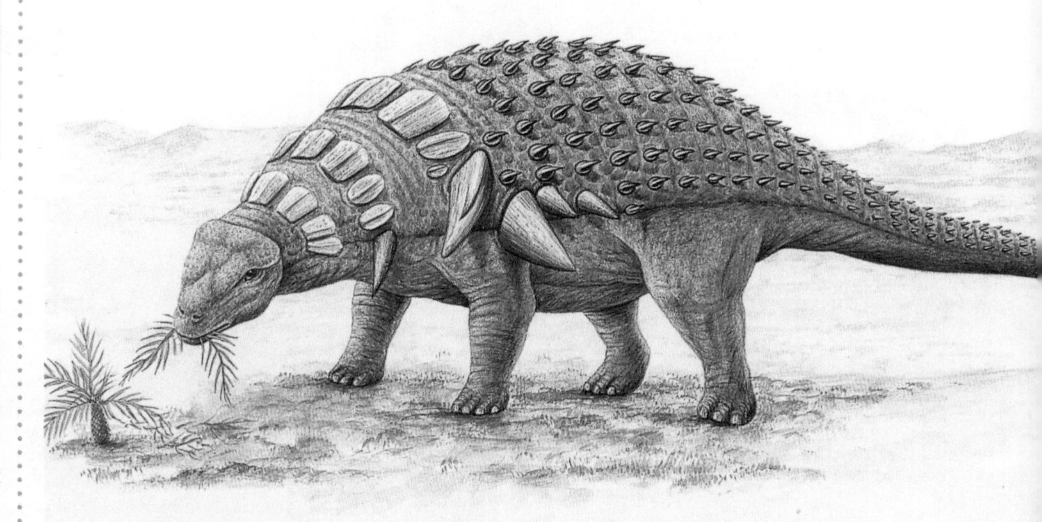

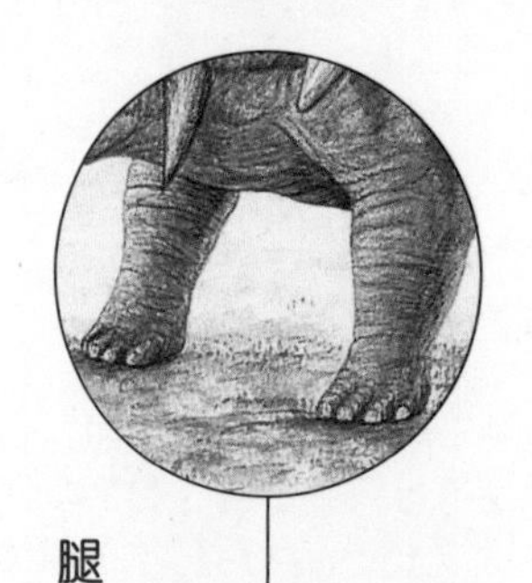

腿

埃德蒙顿甲龙的腿短而粗壮，因此它很容易就能碰到长在低处的植物，当它遭到攻击时，也可以快速蹲下。

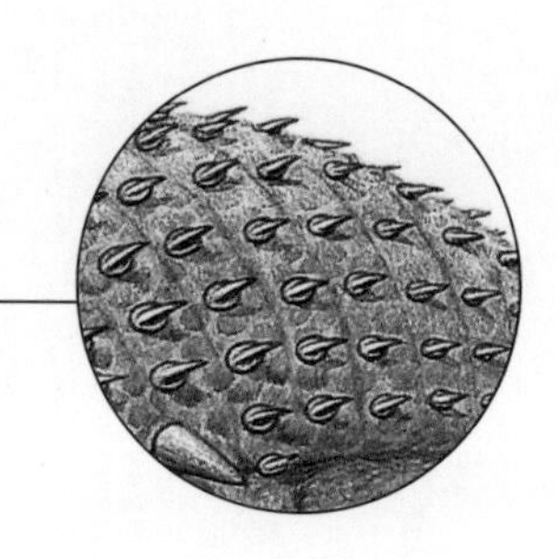

刺状鳞甲

埃德蒙顿甲龙的背上长着厚厚的鳞甲，这些鳞甲的边缘长着可怕的尖刺。而它身体的其他部位并没有类似的保护机制。

目·鸟臀目·**科**·结节龙科·**属 & 种**·粗齿埃德蒙顿甲龙，长头埃德蒙顿甲龙

地面觅食

由于已经发现了大量埃德蒙顿甲龙化石，所以古生物学家能够相对容易地复原整只恐龙。埃德蒙顿甲龙可能生活在史前时代的北美洲林地中，那里有大量食物。埃德蒙顿甲龙的脖子较短，腿也较为短粗，从体形来看，它似乎很适合以蕨类植物、苏铁植物和其他长在低处的植物为食。

尖刺

埃德蒙顿甲龙的甲胄包括长在身体侧面的尖刺，尤其是靠近脖子区域的尖刺。它的脖子上方也有盾甲保护，那块盾甲是由较大的骨板组成的。

消化植物

我们可以根据一种恐龙的牙齿较为清晰地知道它吃什么，以及它是如何分解和消化食物的。埃德蒙顿甲龙应该以坚硬的植物为食。尽管它有颊齿，但是那些颊齿太小，而且颌部也太过无力，以至于无法咀嚼食物。一些科学家认为它会用体内的发酵室消化植物。在那里，埃德蒙顿甲龙会先用化学反应分解植物，然后将植物消化。

时间轴（数百万年前）

540	505	438	408	360	280	248	208	146	65	1.8 至今

埃德蒙顿甲龙

Edmontonia
This was one of the most common armoured dinosaurs in Alberta. Large and well protected, it had small teeth and weak jaws. Unlike some of its close relatives, it lacked a tail club and had spines only around its neck and shoulders.

目·鸟臀目·**科**·结节龙科·**属 & 种**·粗齿埃德蒙顿甲龙，长头埃德蒙顿甲龙

埃德蒙顿甲龙和非鸟型恐龙的结局

埃德蒙顿甲龙首次出现在距今约 7600 万年前的白垩纪晚期，在恐龙时代结束之前，它差不多存活了 800 万年。关于这次恐龙灭绝存在许多理论，有些人认为是突如其来的灾难造成了恐龙迅速灭亡，另一些人则认为恐龙是逐渐灭亡的。当埃德蒙顿甲龙还活着的时候，似乎发生了一件不太引人注目却极具毁灭性的事情。埃德蒙顿甲龙是食草动物，自然需要源源不断的植物供给。但根据埃德蒙顿甲龙存活时期的石化树木的年轮，我们可以知道当时的食物供给出现了中断。这些年轮表明，在非鸟型恐龙即将灭绝时，出现了降水量减少，气温上升的现象，这些变化可能会造成气候干旱、植物减少，并致使非鸟型恐龙的食物锐减。由于水源和食物的匮乏，最后一批非鸟型恐龙可能就会因饥渴而死。古生物学家已经发现了大量甲龙，其中包括埃德蒙顿甲龙，这些甲龙被完整地埋在沙子或泥土中，身上的甲胄仍旧保存完好。

慈母龙

重要统计资料

化石位置：北美洲

食性：食草动物

体重：3.9 吨

身长：9 米

身高：2.25 米

名字意义："好妈妈蜥蜴"，因为人们推测它具备一定育儿技能

分布：慈母龙是在蛋山被发现的，蛋山位于美国蒙大拿州西部的肖托镇附近

化石证据

慈母龙生活在距今约 8000 万年前的白垩纪时期，由于人们已经发现了大量慈母龙化石，因此它是最为知名的非鸟型恐龙之一。已发现的化石包括了从柚子那么大的恐龙蛋，到胚胎、幼崽，直到未成年的个体与成年慈母龙。慈母龙每次会产下 20 多颗蛋。人们在美国的蒙大拿州发现了一个巨大的骨层，其中包含将近 1 万个慈母龙个体。

对古生物学家来说，在美国蒙大拿州发现的慈母龙化石是个令人兴奋的发现。这是人们第一次在发现成年非鸟型恐龙的同时，还发现了它未孵化的蛋和巢穴。刚出生的慈母龙幼崽化石约有 30 厘米长。杰克 · R. 霍纳是 1979 年为慈母龙命名的古生物学家之一（他后来成了电影《侏罗纪公园》的顾问）。慈母龙很可能成群生活，有时一个群体中会有将近 1 万只慈母龙，这就可以解释为什么人们会在蒙大拿州的蛋山发现成千上万个慈母龙化石。

嘴

慈母龙的嘴很宽，很适合用来吃大量植物。

蛋

这是一个慈母龙的蛋化石，里面的幼崽还没来得及被孵化就已经死在蛋中了。

目·鸟臀目·**科**·鸭嘴龙科·**属 & 种**·皮布尔斯慈母龙

大草原、沼泽和山脉

慈母龙化石的发现地位于如今的落基山脉附近，落基山脉占据了加拿大西部和美国西部的大部分区域。不过在慈母龙生活的时期，那片地区的景象和现在非常不同。在白垩纪晚期，慈母龙的栖息地位于广阔的海岸地区，现在那片区域变成了北美洲大草原。随着落基山脉的隆起，海洋开始后退，如今大草原覆盖的区域在那时则变成了巨大的沼泽。

尾巴

慈母龙在遭到攻击时，除了沉重的尾巴外没有什么防御机制，不过群居生活也可以保障它的安全。

太空中的恐龙

第一种进入太空的恐龙就是慈母龙，或者说是皮布尔斯慈母龙的一部分。1985 年，美国的太空飞船搭载着一块慈母龙幼崽的骨头碎片和一个蛋壳进入了 2 号空间实验室，完成了一项为期 8 天的任务。

前肢与脚

慈母龙的爪上有 4 根手指，脚上有蹄状趾。

时间轴（数百万年前）

540	505	438	408	360	280	248	208	146	65	1.8 至今

慈母龙

目·鸟臀目·**科**·鸭嘴龙科·**属 & 种**·皮布尔斯慈母龙

蒙大拿州的蛋山

蛋山位于美国蒙大拿州肖托镇以西 19 千米处，是名副其实的恐龙宝库。人们在那里发现了世界上数量最多的白垩纪时期（距今 1.43 亿年至 6500 万年前）恐龙化石。如此丰富的发现都是始于 1978 年在那里发现的慈母龙化石以及大量蛋化石。自那以后，人们又接连发现了许多化石，其中包括一些首次被发现的非鸟型恐龙胚胎，一个面积约达 2 平方千米的巨大恐龙骨层。另外，除了慈母龙和伤齿龙外，人们还发现了奔山龙、阿尔伯塔龙、甲龙、蒙大拿角龙和若干其他动物化石（包括蛋化石）。人们也由此研究断定，每年不同的恐龙都会来到蛋山下蛋，随后照料并孵化这些蛋。在山丘顶部，人们发现了一些由泥土或土壤搭成的圆形巢穴，其宽度可达 2 米，其中有许多蛋化石，而且人们还同时发现了小恐龙在孵化后留下的一些蛋壳碎片。由于不同的恐龙蛋有着不一样的蛋壳纹路，因此古生物学家可以由此鉴定出生蛋的是哪些动物。

偷蛋龙

重要统计资料

化石位置：蒙古国、中国

食性：可能是杂食动物

体重：20 千克

身长：2 米

身高：0.8 米

名字意义：“偷蛋的贼”，因为当人们第一次发现这种恐龙时，认为化石旁边的蛋是它偷来的

分布：人们在蒙古国的德加多克塔组地层和中国内蒙古自治区的巴音满达呼组地层发现了偷蛋龙化石

化石证据

虽然偷蛋龙的骨架和鸟类非常像，而且很可能长有羽毛，但它其实是一种非鸟型恐龙。它的前肢长着三根超过 7 厘米长的锋利指爪。它的脚上也长着三个脚趾，另外它的长尾巴十分僵硬。偷蛋龙的嘴中没有牙齿，我们尚不清楚它究竟吃什么，但由于它是一种兽脚亚目恐龙，因此它可能至少会吃一些肉。

恐龙
白垩纪晚期

偷蛋龙生活在距今约 8000 万年前，长有头冠和无齿喙。这个冠可能会在求偶仪式中起到展示作用。1924 年，人们在戈壁沙漠发现了第一个偷蛋龙化石，当时那个化石位于一堆蛋之上，人们由此推测偷蛋龙会吃蛋中的胚胎。后来，人们发现这颗蛋其实是偷蛋龙自己的，而且它不一定会偷蛋。

喙

偷蛋龙有一个无齿喙，嘴后长着一对牙齿状尖角。

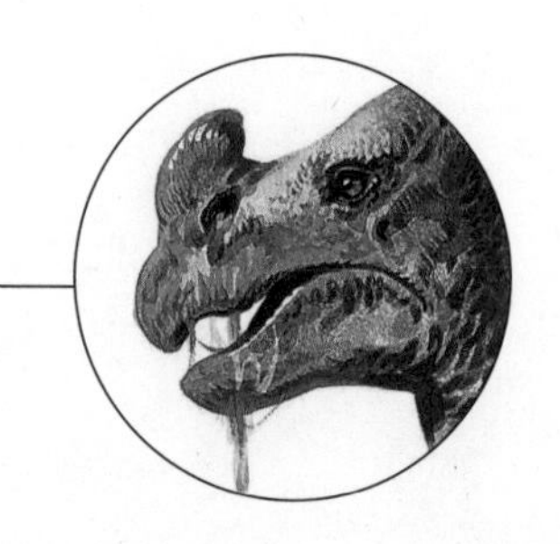

认识的演变

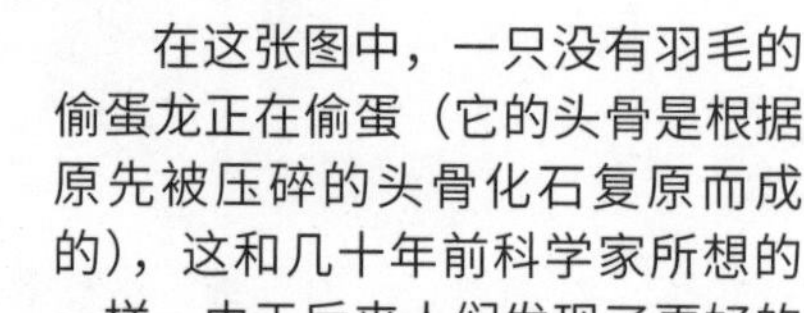

在这张图中，一只没有羽毛的偷蛋龙正在偷蛋（它的头骨是根据原先被压碎的头骨化石复原而成的），这和几十年前科学家所想的一样。由于后来人们发现了更好的偷蛋龙化石，包括完美的头骨化石，因此对于这种恐龙的看法也发生了显著的改变。

目 · 蜥臀目 · **科** · 偷蛋龙科 · **属 & 种** · 嗜角偷蛋龙，蒙古偷蛋龙

头冠

偷蛋龙的头冠中空，由一层非常薄的骨头排列而成。关于这个头冠存在许多理论，虽然它可能有一些未知的生理学作用，但偷蛋龙可能主要将它用于物种识别。

电影和电视中的明星

如今，偷蛋龙已经变成了电影和电视中的明星，不过它已经从偷蛋贼转向了更加正面的形象。2000 年，在华特迪士尼影片公司发行的电影《恐龙》中，一只电脑合成的偷蛋龙正鬼鬼祟祟地偷取禽龙的蛋。后来人们发现偷蛋龙很可能是无辜的，它并不会偷蛋。2002 年，偷蛋龙又出现在了迷你电视剧集《恐龙帝国》中，那部电视剧根据詹姆士 · 杰尼的同名小说改编，在那个故事中，偷蛋龙变成了更具爱心的护蛋龙，意思是“蛋的护士”。

喙

偷蛋龙妈妈可能会用喙来翻转蛋，从而保证这些蛋都可以均匀受热。

蛋的护士

成年偷蛋龙会通过待在巢穴中坐在蛋上来保护蛋。

死于沙中

在某些情况下，沙子会覆盖正在孵蛋的偷蛋龙妈妈，使它窒息而亡。这位偷蛋龙妈妈和它的蛋在沙中被保存了千百万年，终于被古生物学家发现了。

时间轴（数百万年前）

540	505	438	408	360	280	248	208	146	65	1.8 至今

偷蛋龙

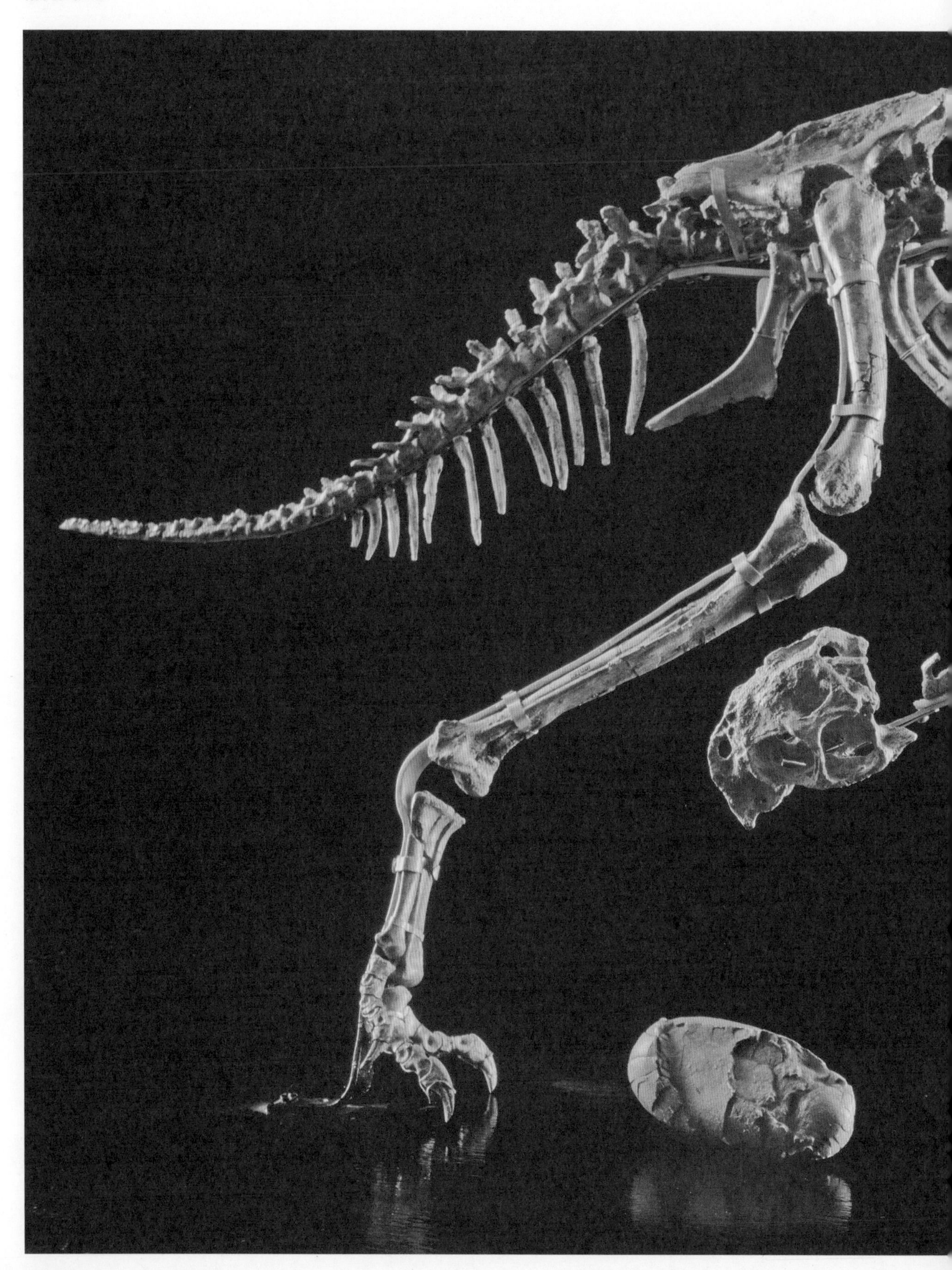

目 · 蜥臀目 · **科** · 偷蛋龙科 · **属 & 种** · 嗜角偷蛋龙，蒙古偷蛋龙

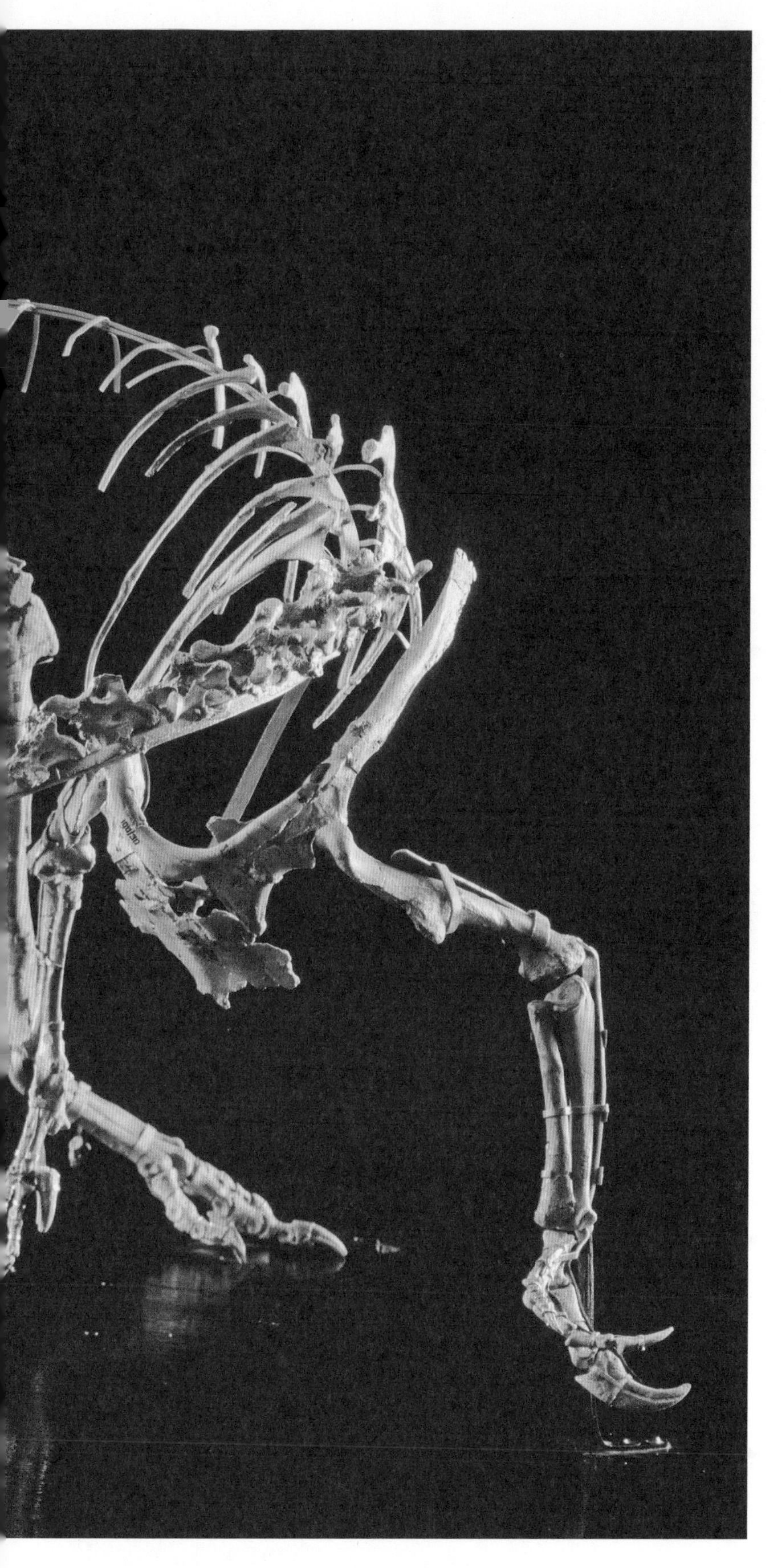

生活在中国的巨大偷蛋龙

2005 年，人们在中国发掘出了一个巨大的恐龙化石，那个化石和鸟类很像，人们认为它属于偷蛋龙属。然而，有关这项发现的新闻报道直到 2007 年才出现。化石发掘地位于中国内蒙古的二连盆地，人们是在无意中发现了这个庞然大物的。北京古脊椎动物与古人类研究所的一个团队由中国杰出化石发现者徐星领导，他们向记者介绍了之前的化石是如何被发现的。当时他们恰好位于一根年轻偷蛋龙腿骨的上方，那个腿骨约有 1 米长。经研究，人们发现这个巨大的恐龙几乎和一些暴龙一样大，也就是说它的高度是“标准”偷蛋龙的 6 倍，于是人们恰当地将之命名为“巨盗龙”。这个“巨盗龙”的体长约有 8 米，身高为 5 米，体重为 1400 千克。虽然一些古生物学家认为，如此庞大的偷蛋龙实在是令人惊讶，但是加拿大阿尔伯塔大学的菲利普 · 柯里认为，在进化过程中，动物的体形会越来越大，因为更大的体形更便于它们找到食物、吸引配偶和击退捕食者。

厚头龙

重要统计资料

化石位置：北美洲

食性：食草动物

体重：430 千克

身长：4.6 米

身高：4.3 米

名字意义："厚头蜥蜴"，因为它的头骨顶部很厚

分布：人们已经在美国的蒙大拿州、南达科他州和怀俄明州发现了厚头龙化石

化石证据

1938 年，人们首次在美国蒙大拿州伊卡拉卡附近的大农场发现了厚头龙化石。1943 年，人们将之命名为厚头龙。这种体形最大的厚头龙的完整化石十分少见，不过它们超级厚的头骨碎片却非常多。厚头龙有着巨大的、朝前的圆状眼窝，这是它的独特特征，说明它具备双眼视觉。在危险的世界中，草食动物受四处捕食的食肉动物支配，双眼视觉对厚头龙来说是非常有用的工具。

厚头龙的体形并没有特别大，但是它的头很大，而且圆顶状的头骨特别厚，最厚可达 25 厘米。厚头龙的头顶和口鼻部周围都长着一排骨质瘤，样貌非常奇怪。厚头龙会用厚厚的头骨杀死或伤害攻击者。

头骨

厚头龙头骨的厚度可达 25 厘米。它可以用头骨杀死或伤害攻击者。

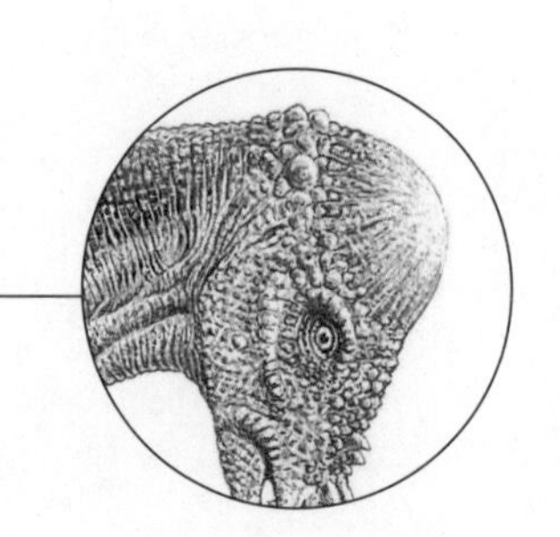

恐龙
白垩纪晚期

目 · 鸟臀目 · **科** · 厚头龙科 · **属 & 种** · 怀俄明厚头龙

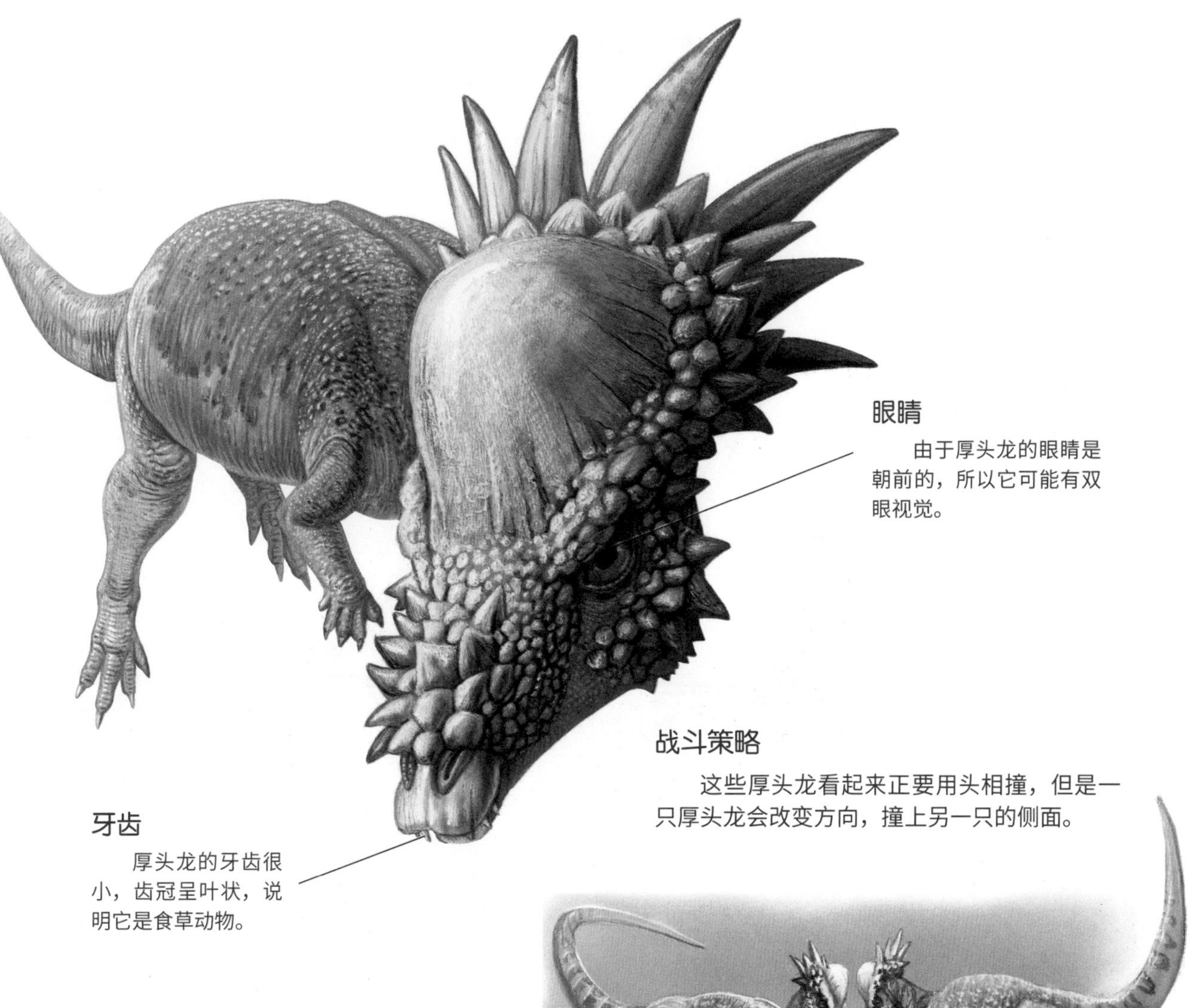

眼睛

由于厚头龙的眼睛是朝前的，所以它可能有双眼视觉。

牙齿

厚头龙的牙齿很小，齿冠呈叶状，说明它是食草动物。

战斗策略

这些厚头龙看起来正要用头相撞，但是一只厚头龙会改变方向，撞上另一只的侧面。

化石复原

厚头龙科是以厚头龙命名的。但在研究厚头龙时存在一个问题，那就是古生物学家目前只发现了它头部的化石。不过古生物学家通过将其他保存得更加完整的厚头龙科恐龙的骨架化石作为模型，已经复原出了一只完整的厚头龙。

时间轴（数百万年前）

540	505	438	408	360	280	248	208	146	65	1.8 至今

厚头龙

目·鸟臀目·**科**·厚头龙科·**属 & 种**·怀俄明厚头龙

一块伟大的化石发现

获取恐龙的化石并不总是那么简单，不是只需将它们挖出来清理干净，然后再研究其中蕴含的秘密就可以了。一些化石保存史前痕迹的方式或许会使古生物学家的努力付诸东流，或是至少需要让他们突破层层难关才能成功解锁其中的痕迹。一个保存在石头中的霍格沃茨龙王龙头骨就是最好的例子。一些人认为龙王龙是一种未成年的厚头龙。2003年，三个业余的化石搜寻者在美国爱荷华州发现了这块重量约为91 千克的石头。他们设法将这块石头运到了爱荷华州苏城的圣卢克地区医疗中心，希望在那里可以用机器对石头进行检测。医疗中心的放射科医生和一位兽医同意用电脑断层扫描仪对石头进行扫描。这种扫描仪可以用数字几何处理技术获得石头内部物体的三维图像。让这些化石搜寻者高兴的是，这次扫描清晰地展现了龙王龙的头骨，证实他们取得了一个重大的古生物学发现。

原角龙

原角龙的颈部周围有一个巨大的骨质头盾。人们通常认为这个头盾可以保护原角龙的颈部，并且强化它的颌部肌肉，但是由于这个头盾的结构十分脆弱，因此它可能无法起到上述作用。由于原角龙和大多数食草动物一样，需要吃大量的植物，因此它颌部肌肉的工作量也很大。虽然原角龙的身体比较长，最长可达 1.8 米，但它的身高只有 0.6 米，相对来说是比较矮的。它的身体仿若一个桶，尾巴和腿都很短，脚上长有五个脚趾，臀部和鸟类的很像。

重要统计资料

化石位置：蒙古国和中国

食性：食草动物

体重：181 千克

身长：1.8 米

身高：0.6 米

名字意义：“第一个有角的面庞”，因为一开始人们以为它是后来出现的角龙的祖先

分布：人们已经在中国甘肃省和蒙古国的巴音满达呼组地层发现了原角龙化石

化石证据

1922 年，摄影师 J.B. 沙克尔福德在戈壁沙漠发现了第一个原角龙化石。沙克尔福德是一支美国探险队的成员，这支探险队当时正在沙漠中寻找人类的祖先。原角龙化石被保存得很好。1971 年，人们发现了一个极具戏剧性的化石，化石中的那只原角龙正在和伶盗龙打斗。这两只恐龙似乎是同时死亡的，它们可能在打斗的过程中遭遇了沙丘坍塌。

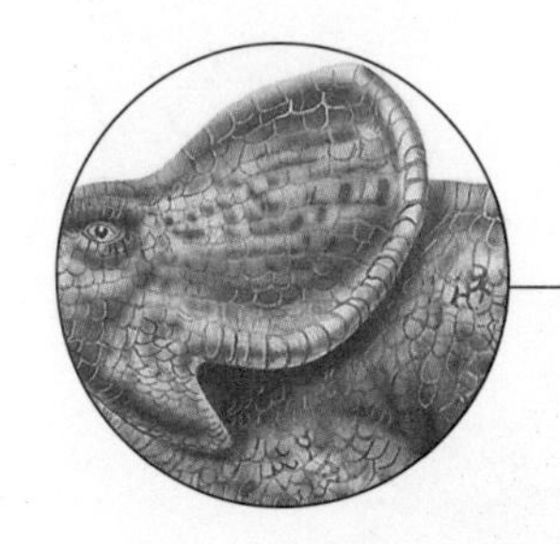

头盾

目前我们尚不清楚原角龙的头盾能起什么作用，不过原角龙可能会用它来识别不同的物种。

目·鸟臀目·**科**·原角龙科·**属&种**·安氏原角龙，巨鼻原角龙

绚丽的头盾

事实证明，即便原角龙已经死去了几百万年，它的头盾却依然被保存至今，而且保留了大部分原始形态。原角龙的脸上仿佛戴了个骨质面具，因此看上去和老鹰很像，神情十分奇怪。在安氏原角龙中，存在两种不同的头盾，其中一种会比另一种更为宽大，说明这两种头盾分别属于雄性原角龙与雌性原角龙。

群居动物

原角龙可能是一种群居动物。由于它的化石在戈壁沙漠中极其常见，所以古生物学家称它为“白垩纪的绵羊”。

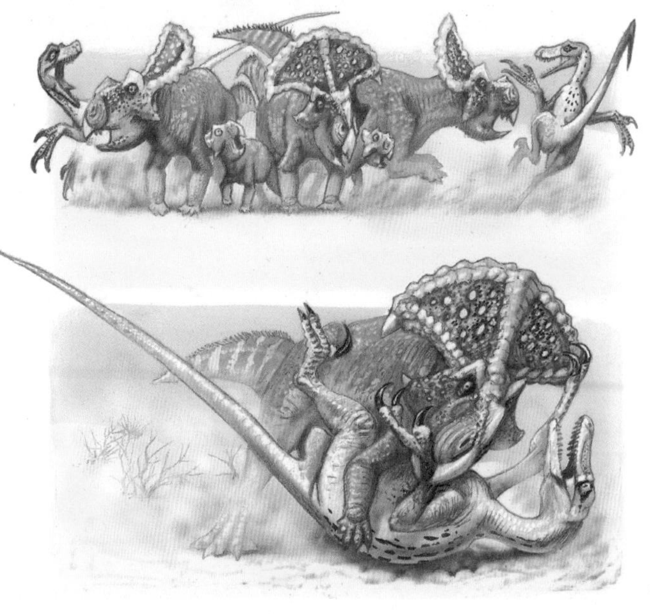

时间轴（数百万年前）

540	505	438	408	360	280	248	208	146	65	1.8 至今

原角龙

目·鸟臀目·**科**·原角龙科·**属 & 种**·安氏原角龙，巨鼻原角龙

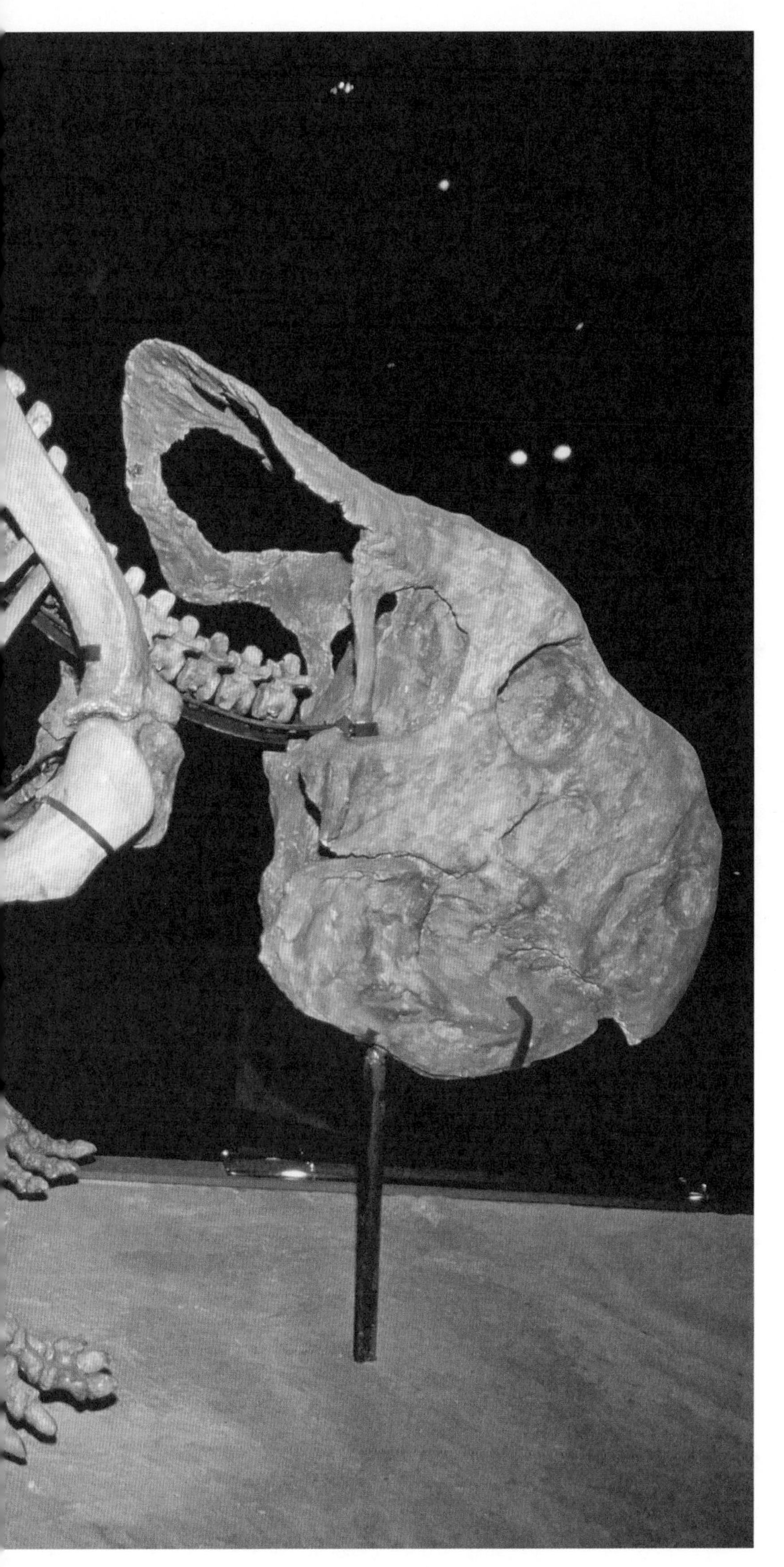

狮鹫兽还是原角龙？

狮鹫兽是一种存在于神话中的动物，有着老鹰的脑袋和翅膀。同时它还有狮子的身体，会在地面的巢穴中下蛋。但是，在距今2600多年前的公元前675年，古希腊作家曾经记录过对狮鹫兽的发现。在他们的记录中，狮鹫兽仿佛是一种现实存在的动物。那时，古希腊作家在和塞西亚的牧游者交流之后，写下了狮鹫兽的故事。塞西亚游牧民族起源于欧洲东南部，他们一直在中亚的天山和阿尔泰山脉掘金。当塞西亚人在山丘和红砂岩层中挖掘的时候，可能发现了一些骨架化石和其他遗留下的痕迹。他们向古希腊人描述的那种动物，与千百年后古生物学家描述的原角龙非常像。塞西亚人可能是为了描述他们发现的那种动物，所以才创造了狮鹫兽的神话。在他们的认知中，那种动物是金矿的守护者。然而，无论是古希腊人描述的动物，还是塞西亚人实际发现的东西，似乎都是原角龙的化石。人们已在中国和蒙古国发现了大量原角龙化石。这个故事中还有一个有趣的巧合，那就是人们还在一些原角龙化石发现地附近的山脉中发现了金矿。

无齿翼龙

重要统计资料

化石位置：美国

食性：鱼类

体重：15.8 千克

身长：最长可达 9 米

身高：1.8 米

名字意义："有翅膀，没牙齿"，得名于它的主要特征

分布：人们已经在美国中部的堪萨斯州、阿拉巴马州、内布拉斯加州、怀俄明州和南达科他州发现了无齿翼龙化石

化石证据

早在 1870 年，人们就在奈厄布拉勒组北部的烟山河发现了无齿翼龙化石，该地位于美国堪萨斯州西部。1952 年，人们发现了斯氏无齿翼龙化石，它有着直立的头冠。但人们并没有在长头无齿翼龙的身上发现类似的头冠。人们认为斯氏无齿翼龙比长头无齿翼龙出现得早，并且是它的祖先。1876 年，人们将一个几乎完整的化石命名为长头无齿翼龙，它的翼展长达 7 米。人们在无齿翼龙标本的胃中发现了鱼骨化石，这说明它们以鱼类为食。

史前动物
白垩纪晚期

无齿翼龙是有史以来体形最大的翼龙（会飞的爬行动物）之一，大约生活在 8930 万年前，它当初生活的那片区域如今是美国中部地区。无齿翼龙属于最后一批存活的翼龙，人们曾认为它是会飞的动物中体形最大的。除了巨大的体形外，无齿翼龙和如今的鸟类很像，喙中也没有牙齿，骨头也是中空的。无齿翼龙巨大的翼展和小型飞机的机翼很像，因此它是名副其实的空中巨人。无齿翼龙以鱼类为食，喙又长又尖，非常适合扎进海中抓鱼。

巨大的雌龙

尽管雌性无齿翼龙的体形只是雄性体形的三分之二，但它们依旧十分巨大，翼展长达 6 米。

足

无齿翼龙不是一种恐龙，而是一种翼龙，部分原因是因为当它站立时，无法和恐龙一样完全直立，只能半直立。

目 · 翼龙目 · **科** · 无齿翼龙科 · **属 & 种** · 长头无齿翼龙，斯氏无齿翼龙

没有牙齿

1870 年，人们发现了首个无齿翼龙的翼骨碎片，并将这种巨大且会飞的白垩纪晚期爬行动物命名为翼手龙。然而 1876 年，人们又发现了它的首批头骨化石，由此人们知道这种动物是没有牙齿的，所以将它的名字改成了无齿翼龙，意思是“有翅膀，没牙齿”。

冠

无齿翼龙的长冠或许可以平衡它沉重的喙部。

无齿

人们曾经将无齿翼龙和另一种会飞的爬行动物翼手龙弄混。和翼手龙不同，无齿翼龙的喙中没有牙齿。

大头飞行怪

无齿翼龙的身体构造非常适合飞行，不过它在史前天空中翱翔的时间要比它振翅飞翔的时间多。无齿翼龙中空的骨头可以减轻身体的重量，而且由于背部的脊椎和肋骨融合在一起，因此可以很好地支撑其用于飞行的肌肉。不过无齿翼龙的长相相当奇怪，头上长着一个又长又尖的喙，头比身体还大。

时间轴（数百万年前）

540 | 505 | 438 | 408 | 360 | 280 | 248 | 208 | 146 | 65 | 1.8 至今

无齿翼龙

目 · 翼龙目 · **科** · 无齿翼龙科 · **属 & 种** · 长头无齿翼龙，斯氏无齿翼龙

神秘的冠

无齿翼龙有两个明显特征：其一，它没有早期翼龙可以用作方向舵的长尾巴，它的尾巴特别短；其二，它和另外一些会飞的爬行动物一样，有一个特别长的骨质冠，冠的长度是头部的两倍。无齿翼龙的头和冠的总长度约为 1.8 米。虽然关于冠的作用存在一些猜测，但没有人能确定它的真正作用是什么。一种猜测是这个冠可以平衡无齿翼龙的长喙，在它飞行时保持身体的稳定。另一种猜测是这个冠可以作为方向舵使用，帮助无齿翼龙降落。这个冠或许还可以被当作刹车，这样无齿翼龙就不会因降落时速度太快而受伤。由于一些无齿翼龙并没有冠，所以可能只有雄性无齿翼龙才具备这个特征，头冠或许是在求偶时起到展示作用，或者只是用于辨别不同的无齿翼龙。无论这个冠起到什么作用，无齿翼龙在空中的飞行能力可能并没有那么令人印象深刻。尽管无齿翼龙的翼展超过了 8 米，但相较于飞行而言，它可能会用更多的时间滑翔。

特暴龙

重要统计资料

化石位置：蒙古国、中国

食性：食肉动物

体重：4.9 吨

身长：10 米

身高：5 米

名字意义："令人害怕的蜥蜴"，因为它是顶级掠食者

分布：人们在蒙古国戈壁沙漠的纳摩盖吐组地层和中国新疆维吾尔自治区的苏巴什组地层发现了特暴龙化石

化石证据

1946 年，一支探险队在戈壁沙漠发现了一块巨大的头骨和一些背骨，这些骨头都属于同一种兽脚亚目恐龙。1948 年和 1949 年，人们又在同一地区发现了 3 块头骨。1965 年，人们将这些发现归类为同一物种——勇士特暴龙（"英雄特暴龙"），只是不同的化石处于不同的生长发育阶段。随后，蒙古国的纳摩盖吐组地层引起了各国探险队极大的兴趣，其中包括来自波兰、日本、加拿大以及蒙古国的探险队。迄今为止，人们已经发现了超过 30 处特暴龙化石，其中包括 15 块头骨。

恐龙
白垩纪晚期

特暴龙和著名的暴龙是亲戚关系，不过它的体形要比暴龙小一些。在大约 7500 万年前，特暴龙曾在蒙古国和中国潮湿的洪泛平原上生活。作为暴龙的亲戚，特暴龙也具备捕食者的特征，而且可能会攻击像鸭嘴龙这样比自己体形更大的恐龙。和暴龙一样，特暴龙用两条腿到处行动，而且它是一种占据主导地位的捕食者。但是在目前已发现的所有暴龙科恐龙中，特暴龙的前肢和手掌是最小的。它的前肢上有两根指爪。

牙齿

特暴龙的嘴中最多有 64 颗锋利的牙齿，其中最大的一颗长达 8.5 厘米，这颗牙位于上颌骨内。

爪子

特暴龙的长爪弯曲锋利，长度约为 11.4 厘米。每只后脚上各有 3 个趾爪，两只前肢上则分别长着两个指爪。

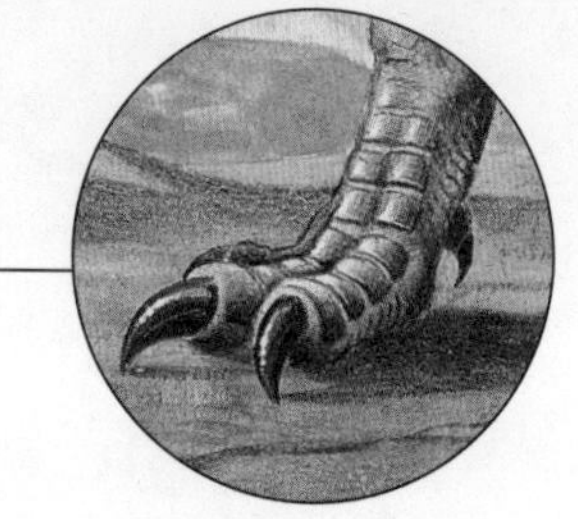

目·蜥臀目·**科**·暴龙科·**属&种**·勇士特暴龙

独一无二

由于人们一开始认为这种动物是一种新暴龙，所以将它命名为特暴龙。暴龙和特暴龙体形差不多大，而且在身体细节上也非常相似。一些科学家认为这些细节非常琐碎，因此特暴龙不足以成为一个独特的属。在他们看来，勇士特暴龙应该算作暴龙属中的物种，也就是说它应当被改名为勇士暴龙。这种观点可能有一定道理，因为从严格意义上来说，虽然暴龙生活在北美洲，而特暴龙生活在亚洲，但是在白垩纪晚期，曾经存在一座大陆桥连接了这两块陆地。

较小的前肢

和之后出现的所有暴龙一样，特暴龙的前肢很短，只有两个指爪。虽然一些科学家认为暴龙的前肢非常有力，但也有一些科学家认为它们的前肢已经退化了，而且前肢对于暴龙来说并不是那么重要。

还需要更多化石证据

2003 年的一项研究认为，分支龙是目前已知的与特暴龙关系最密切的恐龙。如果这个说法正确，将会使人们质疑特暴龙与暴龙之间的联系，从而支持了暴龙科在北美洲和亚洲分别进化的观点。但也有一些科学家认为，目前唯一已知的分支龙标本明显和特暴龙不一样。因此要想解答这一问题，我们还需要更多化石。

时间轴（数百万年前）

540 | 505 | 438 | 408 | 360 | 280 | 248 | 208 | 146 | 65 | 1.8 至今

特暴龙

目·蜥臀目·**科**·暴龙科·**属&种**·勇士特暴龙

戈壁沙漠的新发现

古生物学研究是一个不断前进的过程，总会有新的发现出现。2006 年，来自蒙古国科学院古生物学中心的成员和来自日本冈山的生物科技公司林原公司的专家一起，取得了一项激动人心的发现。这支队伍在一块砂岩中发现了一具近乎完整的特暴龙骨架，这具骨架属于一只年轻的特暴龙，而且是目前保存得最为完好的特暴龙化石之一。这具骨架只缺失了恐龙颈部的骨头和尾巴尖端的骨头。由于通常年轻恐龙的骨架都会遭到侵蚀或是被捕食者破坏，所以一般都保存得比较差，与之相比，这具完整的特暴龙骨架就尤为引人注意了。我们尚不清楚这只特暴龙的性别，不过它体长 2 米，体形约为成年特暴龙的六分之一。它大约死于 7000 万年前，当时是 5 岁左右。

三角龙

重要统计资料

化石位置：北美洲

食性：食草动物

体重：12 吨

身长：9 米

身高：3 米

名字意义：“长有三个角的面庞”，因为它头上长着三个角

分布：我们已经在美国的科罗拉多州、怀俄明州、蒙大拿州和南达科他州，以及加拿大的阿尔伯塔和萨斯喀彻温省发现了三角龙化石

化石证据

1877 年，著名古生物学家奥塞内尔 · 查利斯 · 马什得到了第一批三角龙化石。他认为这种动物生活在距今 530 万—258 万年前的上新世时期。同时马什还误认为这种动物是一种野牛，并称之为长角野牛。不过当他在 1888 年研究了另外两块三角龙的头骨之后，改变了这一想法。通过研究，他发现这种动物并不是野牛，而是一种恐龙。

恐龙
白垩纪晚期

三角龙是最知名的恐龙之一。美国蒙大拿州的地狱溪组地层含有丰富的三角龙化石，目前人们已经发现了几百个三角龙的头骨和其他化石痕迹。三角龙的头骨中布满褶皱，这或许可以解释为何它们可以如此完好地被保存了 7200 万年。

角

三角龙有三个锋利的角，或许可用于威慑捕食者，另一重要作用是物种识别。

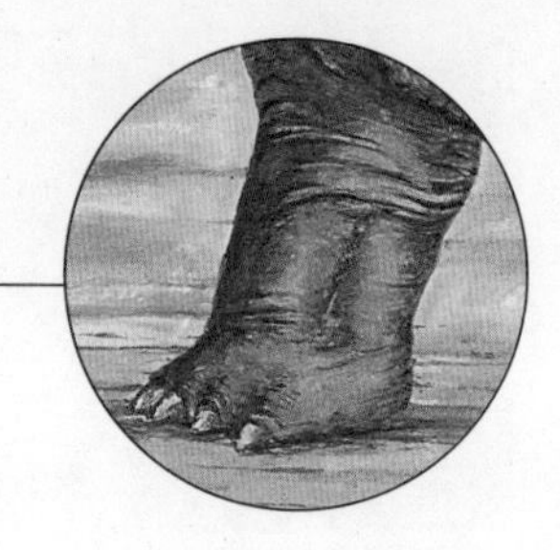

腿

三角龙的腿又大又粗，可以支撑起它沉重的身体。

目·鸟臀目·**科**·角龙科·**属&种**·恐怖三角龙，普氏三角龙

辨别雄性与雌性

1986年，也就是距离人们第一次发现三角龙一个多世纪以后，美国古生物学家托马斯·M.雷曼指出，可以根据头骨和角来判断三角龙的性别。雷曼认为雄性三角龙的头骨更大，角更直；而且雄性三角龙比雌龙更高，雌龙的角则更短，有些朝前倾。

三角龙并不是体形最大的食草动物，不过它很强壮。若有动物想威胁或攻击它，三角龙很可能是个可怕的对手。

保留下来的牙齿

三角龙的牙齿在嘴中会排列成齿系。嘴巴两侧各有多达40列牙齿，每列有3~5颗，也就是说，三角龙一共大约有432颗牙齿，如果其中任何一颗牙齿遭到了损坏或被折断，就会在同一个地方长出新牙替代旧牙。由于三角龙有这样的牙齿构造，所以它可以轻松吃下大量富含纤维素的坚硬植物，例如苏铁、棕榈或蕨类植物。

时间轴（数百万年前）

540	505	438	408	360	280	248	208	146	65	1.8 至今

三角龙

目·鸟臀目·**科**·角龙科·**属 & 种**·恐怖三角龙，普氏三角龙

丰富的发现

三角龙化石是目前最常见的非鸟型恐龙化石之一。虽然三角龙的骨层很不常见，但大量的化石或许也可以证明白垩纪晚期三角龙的数量非常多。大多数三角龙的化石都是个体化石。1890年，奥塞内尔·查利斯·马什在蒙大拿州的地狱溪组地层首次发现了前突三角龙。由于三角龙化石的数量实在太多，以至于明尼苏达科学博物馆的古生物学家布鲁斯·埃里克森发现了差不多200只前突三角龙。另一位古生物学家巴纳姆·布朗发现的数量更多，他宣称自己在同一片区域发现了500多块三角龙头骨。人们已经在北美洲西部发现了成百上千个化石碎片，包括三角龙的牙齿碎片、角状物碎片、头盾碎片，以及其他头骨碎片。由此人们认为三角龙是白垩纪晚期最为常见的食草动物之一。一些古生物学家进行了更深入的分析，认为三角龙是当时最占优势的恐龙。1986年，美国古生物学家罗伯特·巴克认为，在白垩纪晚期，超过80%的大型恐龙都是三角龙。

伤齿龙

重要统计资料

化石位置：北美洲

食性：食肉动物

体重：60 千克

身长：2 米

身高：1 米

名字意义："有杀伤力的牙齿"，得名于它尖锐的牙齿

分布：我们已经在美国的蒙大拿州、阿拉斯加州和怀俄明州以及加拿大的阿尔伯塔发现了伤齿龙化石

化石证据

伤齿龙发现于北美洲，那些发现地彼此之间相距数千千米之远，而且不同的伤齿龙化石最多可相差 1000 万年，因此虽然尚不清楚伤齿龙属中究竟有多少个物种，但这些化石不太可能属于同一种。人们发现的第一个伤齿龙化石是牙齿化石（1901 年），随后又在 1932 年发现了伤齿龙的一只脚、一只爪，以及脊椎化石。伤齿龙的脚上有一个显著特征——第二个脚趾上的趾爪比其他的更大。

伤齿龙发现于 1855 年，是在北美洲发现的首批恐龙之一。它的体形较小，大约生活在 7500 万年前北美洲。伤齿龙的四肢又长又细，因此应该可以快速行动。一些古生物学家认为它是一种杂食动物，既吃植物，也捕食昆虫和像蜥蜴这种体形比自己小的动物。就大脑和身体的比例来看，伤齿龙的大脑是恐龙中最大的，因此人们认为它是最聪明的非鸟型恐龙之一。

头

伤齿龙是一种和鸟类很像的恐龙，头有点像今天鸵鸟的头。

爪子

伤齿龙可能体形比较小，但是由于前肢和脚上都长着弯曲的大爪子，所以它是一种非常危险的捕食者。

目·蜥臀目·**科**·伤齿龙科·**属 & 种**·美丽伤齿龙

较大的大脑和双眼视觉

一些古生物学家认为伤齿龙是最聪明的恐龙之一，相较于身体而言，它的大脑很大，而且它的双眼视觉比其他大多数同类动物的都好。一些古生物学家认为伤齿龙是一种以小型动物为食的捕食者，如果正如他们所说，那么伤齿龙的双眼视觉就很重要，因为这样它可以感知景深。

杂食食性

伤齿龙只是一种食草动物吗？它确实长着食草动物的牙齿，可以咬断和撕碎植物及树叶，而且它还有强壮而弯曲的指爪和脚趾，可以在吃东西时将树枝往下拉并且握紧树枝。不过同样的特征也可用于咬碎和撕碎动物身上的肉。因此有人认为伤齿龙实际上是杂食动物。它的爪子和满嘴锋利而弯曲的尖牙似乎也支持了这一观点。

伶盗龙

重要统计资料

化石位置：蒙古国、中国内蒙古

食性：食肉动物

体重：15 千克

身长：2 米

身高：到臀部的高度为 0.5 米

名字意义：“敏捷的盗贼”，得名于它出色的奔跑能力

分布：我们已经在蒙古国南戈壁省和图格鲁根思楞 以及中国内蒙古发现了伶盗龙化石

化石证据

人们已经发现了大约 12 具伶盗龙骨架化石，这是类鸟的驰龙科中数量最多的。伶盗龙的嘴巴两侧分别有多达 28 颗牙齿，非常适合将肉撕碎。牙齿间隔较宽，前后都有锯齿，这一特征可以帮它将猎物的肉咬碎。伶盗龙的前肢上长着三个强壮的指爪，结构类似于现代鸟类翅膀的骨头。

伶盗龙的身上有羽毛。它的尾巴很长，前后肢上都有爪子。伶盗龙很可能会用爪子猎杀猎物并撕裂它的肉。伶盗龙似乎生活在干旱的环境中，那里沙丘遍布，几乎没有水。伶盗龙可能曾以原角龙为食。1971 年，人们发现了一个被称作“搏斗中的恐龙”的化石，化石中的伶盗龙和原角龙扣在一起，正在进行殊死搏斗。

趾爪

伶盗龙的脚上长着镰刀状的趾爪，每个趾爪都超过了 6.5 厘米长。

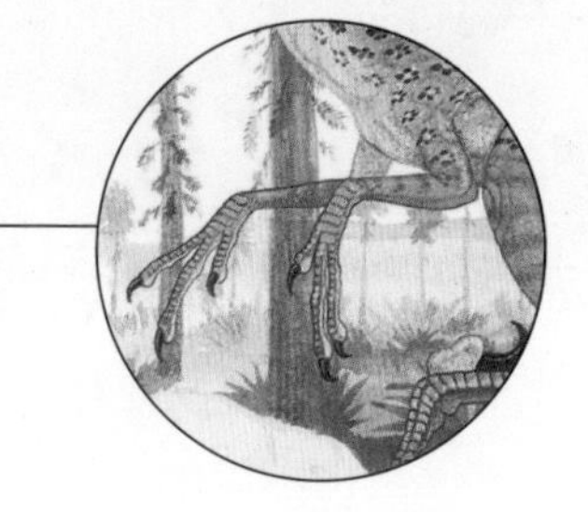

恐龙
白垩纪晚期

目·蜥臀目·**科**·驰龙科·**属&种**·蒙古伶盗龙，奥氏伶盗龙

进食

伶盗龙在似鸡龙的身体侧面撕出了一个大洞，然后大口将肉撕咬下来。

高速运动时的机动性

和其他驰龙科恐龙一样，伶盗龙的尾巴非常长，几乎是其身体长度的两倍。尾椎上较大的骨质突起和下方的骨质肌腱使它的尾巴十分僵硬。僵硬的尾巴或许可以起到平衡作用，而且可以让伶盗龙具备稳定性，使它在高速奔跑，通常是在追捕猎物时，也可以安全地转变方向。

时间轴（数百万年前）

540	505	438	408	360	280	248	208	146	65	1.8 至今

伶盗龙

目 · 蜥臀目 · **科** · 驰龙科 · **属 & 种** · 蒙古伶盗龙，奥氏伶盗龙

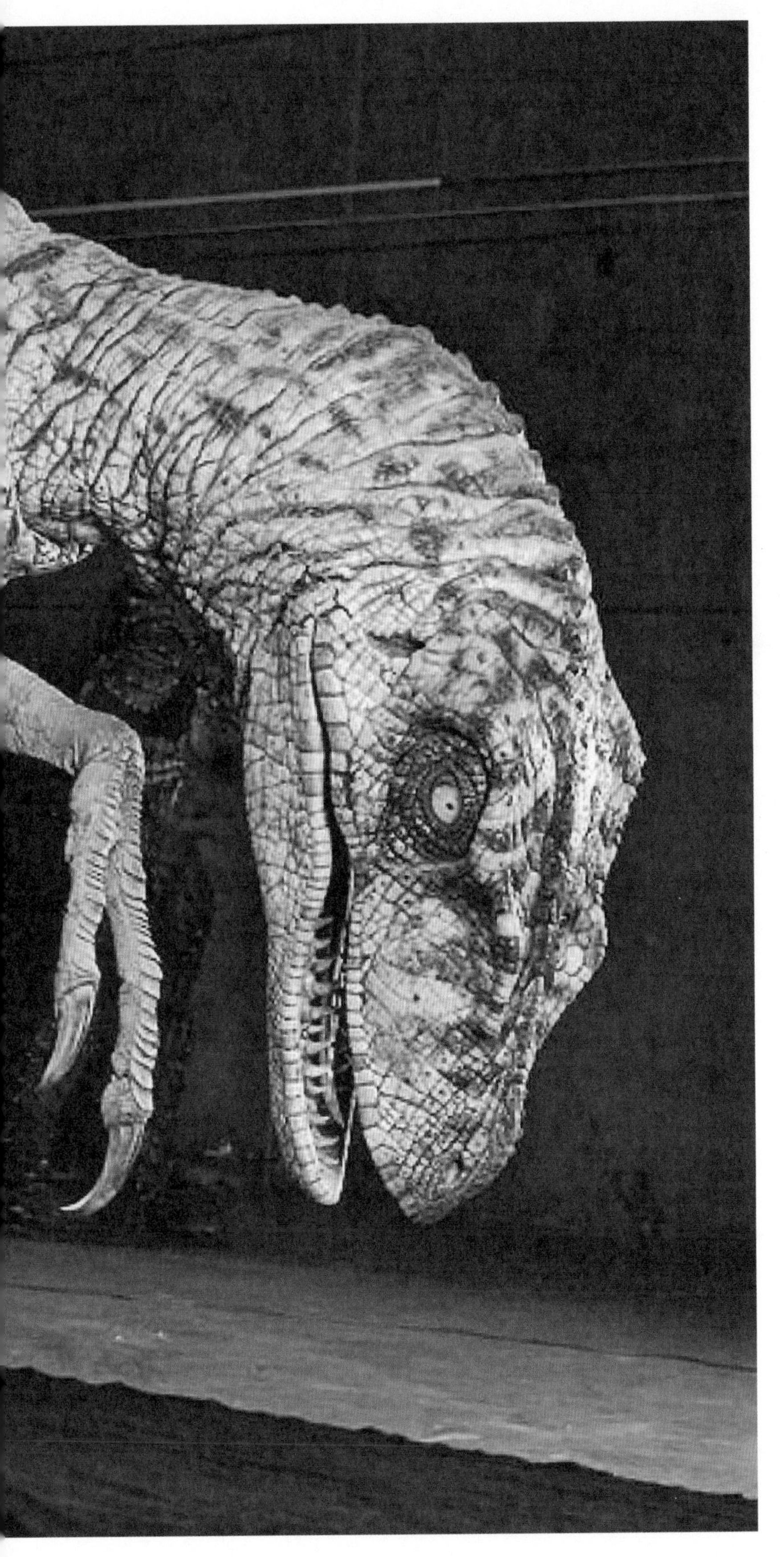

羽毛的证据

1922 年，人们发现了第一个伶盗龙化石。多年以后，人们才意识到鸟类也是恐龙。这一观点形成于 20 世纪 60 年代。由于伶盗龙和鸟类的关系非常密切，因此科学家认为它的身上也有羽毛。人们推测伶盗龙无法飞行，2007 年，人们发现了可以证明这一推测的化石证据。同一年 9 月，人们在研究一个发现于蒙古国的伶盗龙前臂时，发现了几排小突起，很快人们鉴别出这些突起是羽茎瘤，可用来固定羽毛。由此人们得出结论，伶盗龙的身上也有羽毛。除此之外，伶盗龙和现代鸟类还有其他许多相似之处，因此我们可以更清楚地认识到，尽管这两种动物之间存在着数百万年的时间间隔，它们其实非常相像。正如在美国自然历史博物馆负责爬行动物、两栖动物和鸟类化石的策展人马克 · 诺雷尔所说：“我们对这些动物的了解越多，就越发现鸟类和它们的关系密切的恐龙祖先（例如伶盗龙）之间没有什么根本差别。它们都有叉骨，都会在巢中孵蛋，都有中空的骨头，都覆盖着羽毛。如果像伶盗龙这样的动物如今依旧存活，那么我们对它们的第一印象将是，它们也只是相貌奇特的鸟类罢了。”

戟龙

目·鸟臀目·**科**·角龙科·**属&种**·亚伯达戟龙

戟龙可怕的外表或许可以威慑住攻击者，也可能被用来进行物种识别。它的头上有一些凶猛的尖刺，鼻子上长着一个可怕的角。

重要统计资料

化石位置：北美洲

食性：食草动物

体重：3 吨

身长：5.5 米

身高：1.8 米

名字意义：“长刺的蜥蜴”，得名于它颈盾周围的尖刺

分布：我们在美国的蒙大拿州和怀俄明州以及加拿大阿尔伯塔的朱迪思河组地层发现了戟龙化石

化石证据

戟龙是一种外表像犀牛的大型动物，长着角和头盾。1913 年，人们在加拿大的阿尔伯塔发现了第一批戟龙化石（部分头骨和骨架），该化石发现地现在被命名为恐龙公园组地层。随后的 1935 年，人们发现了戟龙下颌的化石和骨架的其余部分。1915 年，一支美国探险队又在恐龙公园发掘出了一具几乎完整的戟龙骨架和部分头骨。到了 2006 年，人们发现了更多戟龙化石。

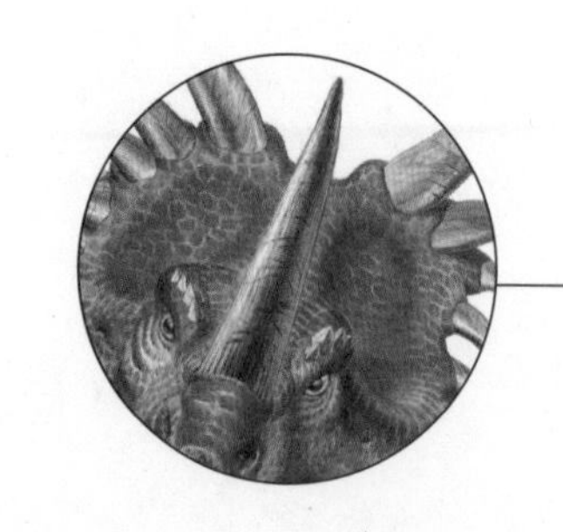

鼻角

通过测量戟龙的头骨化石发现，它鼻子中央的长角长达 57 厘米。但活着的戟龙的鼻角可能会更长，因为鼻骨上会有角质鞘。

喙

戟龙可以用锋利的尖喙咬断植物。

恐龙
白垩纪晚期

时间轴（数百万年前）

540 | 505 | 438 | 408 | 360 | 280 | 248 | 208 | 146 | 65 | 1.8 至今

冠齿兽

目·全齿目·**科**·冠齿兽科·**属＆种**·在冠齿兽属内有众多物种

大约5500万年前，冠齿兽曾在沼泽中生活。目前人们认为它是当时体形最大的哺乳动物。冠齿兽的前肢长，后腿较短，用四肢支撑身体。

重要统计资料

化石位置：欧洲、北美洲

食性：食草动物

体重：500千克

身长：2.25米

身高：到肩膀的高度为1米

名字意义：可能是“尖齿”，因为它的尖齿边缘十分尖锐

分布：我们已经在欧洲和美国的北达科他州发现了冠齿兽化石

化石证据

冠齿兽是一种原始哺乳动物，大约生活在距今5500万年前的始新世早期。冠齿兽可能栖息于沼泽中，它或许像河马一样（二者的关系并不密切），有着半水生的生活习性。冠齿兽的体形各异，大小介于现代貘类和犀牛之间。在早期哺乳动物中，冠齿兽并不聪明，根据古生物学家的测量，它的大脑重量为90克，体重则为500千克。

尖牙

冠齿兽的尖牙很小，可能只有雄性才有，可以用来将沼泽中的植物连根拔起。

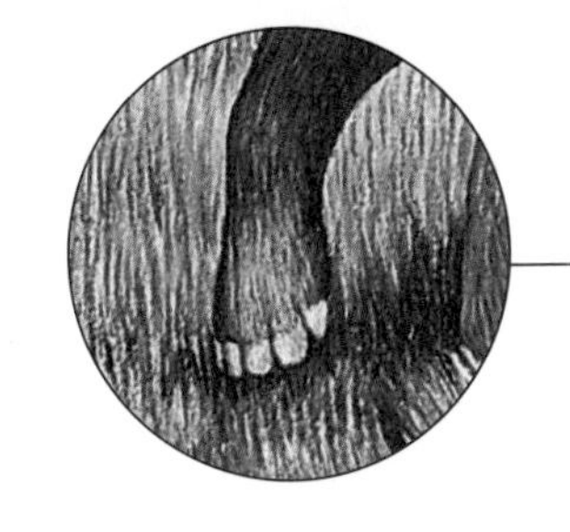

脚

冠齿兽的每只脚上都有5个脚趾，这一点和现代大象很像。每个脚趾的末端都长着一个小蹄子。

时间轴（数百万年前）

540	505	438	408	360	280	248	208	146	65	1.8 至今

始祖马

目·奇蹄目·**科**·古兽马科·**属&种**·兔状始祖马

始祖马大约生活在 5000 万年前。原先人们认为它是已知最早的马，现在人们认为它是一种古兽马科动物，这类动物是马的近亲。

重要统计资料

化石位置：欧洲、北美洲

食性：食草动物

体重：6.8 千克

身长：60 厘米

身高：到肩膀的高度为 23 厘米

名字意义："似蹄兔兽"，因为它可能和蹄兔很像

分布：我们已经在英国英格兰和美国的犹他州发现了始祖马化石

化石证据

1841 年，古生物学家理查·欧文在英格兰发现了第一批始祖马化石。欧文并没有发现完整的始祖马骨架，故将之命名为"似蹄兔兽"（蹄兔是一种小型草食性哺乳动物）。1876 年，美国古生物学家奥塞内尔·C. 马什发现了一具完整的骨架，他称之为"曙马"（意思是"黎明的马"）。不过欧文所取的"似蹄兔兽"才是始祖马的学名。始祖马的前肢各长 4 趾，后肢各长 3 趾，每个脚趾上都有蹄子。它的头骨很长，嘴中长着 44 颗牙齿。

脸

始祖马的脸和阿拉伯马的很像。它的门牙和臼齿之间存在牙间隙（空隙）。

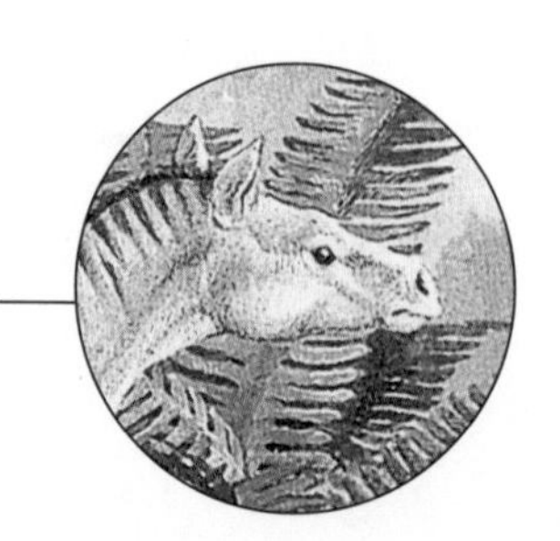

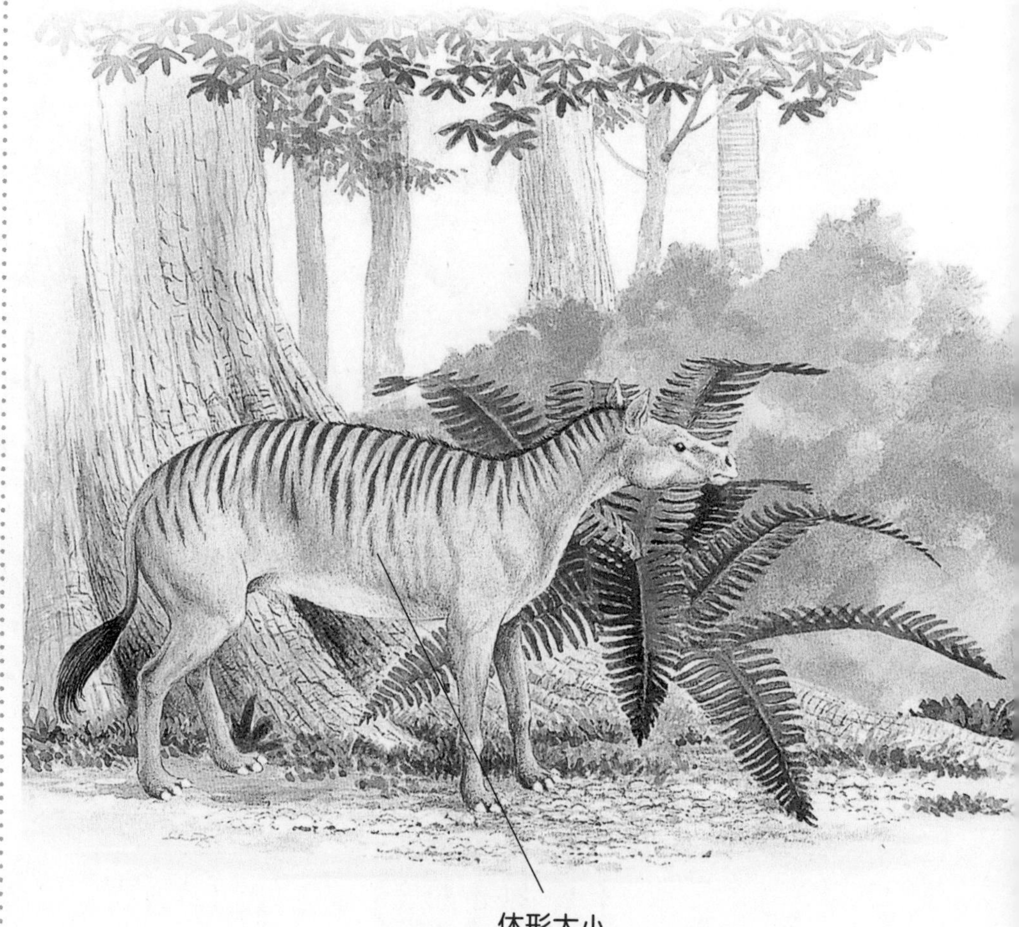

体形大小

尽管始祖马是犀牛等大型动物的祖先，但它只有小狗那么大。

史前动物
第三纪早期（始新世）

时间轴（数百万年前）

540	505	438	408	360	280	248	208	146	65	1.8 至今

中爪兽

目 · 中爪兽目 · **科** · 中爪兽科 · **属 & 种** · 钝齿中爪兽，单齿中爪兽

中爪兽是一种和狼很像的哺乳动物，可能生活在距今约 4500 万年前的海边。

重要统计资料

化石位置：北美洲、东亚

食性：食肉动物

体重：未知

身长：2.5 米

身高：未知

名字意义：“中间的爪子”，代表了新生代初期最早出现的顶级掠食者

分布：中爪兽化石被发现于东亚地区以及美国的怀俄明州和犹他州北部

化石证据

中爪兽属内一共有两个有效种，古生物学家在美国的怀俄明州发现了其中一种——单齿中爪兽，这种动物曾经生活在距今 4500 万年前的犹他州北部，当时正处于始新世晚期。古生物学家根据已发现的化石，计算出中爪兽的脸长为 20.6 厘米，头骨长为 43 厘米。中爪兽的头骨明显是一个掠食动物的头骨，颅骨上方有一个矢状冠，可以附着强壮的颌部肌肉，因此咬合力极强。

食肉动物的起源

中爪兽属于中爪兽科，这类动物都是食肉动物。它首次出现在大约 5000 万年前，有时人们也会以旧名“异古肉食类”称呼它。

脚

中爪兽很可能会捕食有蹄类食草动物。它可能会用脚快速奔跑。

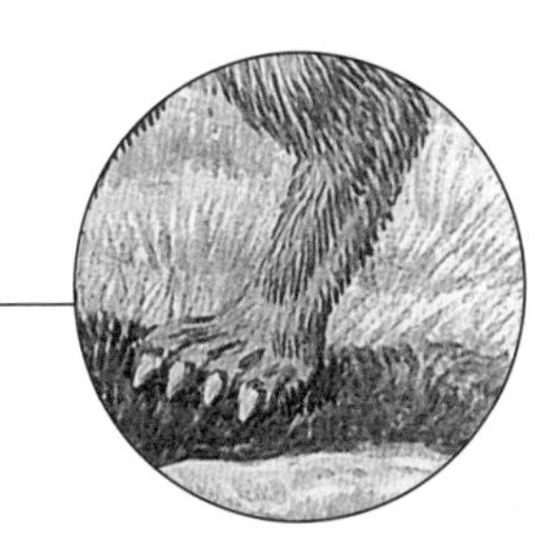

时间轴（数百万年前）

540	505	438	408	360	280	248	208	146	65	1.8 至今

跑鳄

目·鳄目·**科**·跑鳄科·**属＆种**·在跑鳄属内有众多物种

重要统计资料

化石位置：欧洲、亚洲、北美洲

食性：食肉动物

体重：未知

身长：3 米

身高：未知

名字意义：可能是“锯鳐的牙齿”，指它的牙齿和小齿锯鳐的很像

分布：我们在很多地方发现了跑鳄化石，包括法国、德国、哈萨克斯坦东部、中国的衡东盆地以及美国的得克萨斯州西部和怀俄明州

化石证据

像跑鳄这样的史前鳄鱼，比当代鳄鱼在世界上分布得更广。根据已有化石可知，跑鳄的四肢比现代鳄鱼的更长。尽管现代鳄鱼有时也会奔跑，但跑鳄的身体构造似乎更适合奔跑。不过化石也会有一定误导性。由于跑鳄牙齿化石的左右两侧受到了挤压，所以一开始人们误认为那些牙齿属于某种兽脚亚目动物，以为它和其他一些兽脚亚目动物一起从白垩纪晚期的大灭绝中存活了下来。

史前动物
第三纪早期（始新世）

跑鳄是一种身上有鳞甲，尾巴上没有鳞甲的鳄鱼，牙齿周围长着许多小锯齿。跑鳄的腿很长，可以在追赶猎物时快速奔跑。

蹄子

和那些水生亲戚不同，跑鳄的脚上长的是蹄子，而不是爪子——一个为了适应陆地生活而进化出的特征。

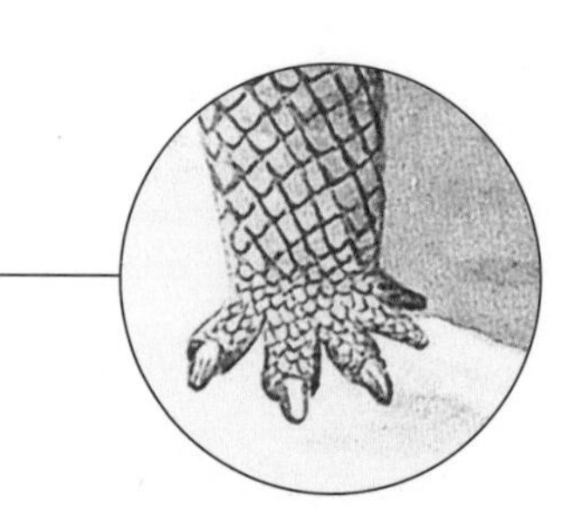

你知道吗?

跑鳄是一种和鳄鱼很像的史前大型食肉动物。它可以捕食很多像始祖马一样的小型哺乳动物。

时间轴（数百万年前）

540	505	438	408	360	280	248	208	146	65	1.8 至今

犹因他兽

目·恐角目·**科**·犹因他兽科·**属 & 种**·剑形犹因他兽

犹因他兽大约生活在 4500 万年前，是一种和现代犀牛很像的哺乳动物。犹因他兽科动物的头骨和其他哺乳动物的都不一样。

重要统计资料

化石位置：美国

食性：食草动物

体重：2.7 吨

身长：4.5 米

身高：1.5 米

名字意义："犹因他的野兽"，因为它最早是在现金美国犹他州的犹因他盆地被发现的

分布：人们已经在美国的怀俄明州再次发现了犹因他兽化石

皮骨角

犹因他兽的头上长着三对骨质角。我们尚不清楚这些角的作用。它们可能起到防御作用；也可能像长颈鹿的角一样，在求偶时起到展示作用。

化石证据

犹因他兽化石被发现于美国怀俄明州的布里杰堡附近。人们已经发现了 6 个疑似雄性犹因他兽化石，它们头骨的前额处分别长着 6 个突出的骨质角。由于犹因他兽头骨的骨壁非常厚，所以它的头骨相当重。不过它的骨头中有一些洞孔，可以减轻其头骨的重量，就和现代大象一样。犹因他兽以沼泽植物和水生植物为食，一些科学家认为它几乎不会远离河流或湖泊。

尖牙

我们尚不清楚犹因他兽巨大的尖牙究竟能起到什么作用，或许可以起到威慑或物种识别的作用。

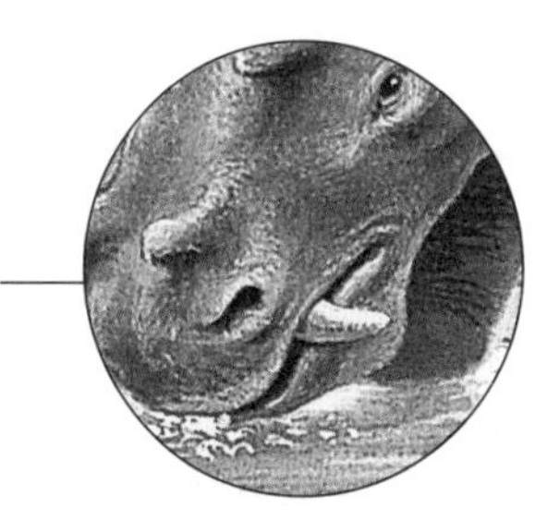

史前动物
第三纪早期（始新世）

时间轴（数百万年前）

540	505	438	408	360	280	248	208	146	65	1.8 至今

安氏兽

重要统计资料

化石位置：蒙古国

食性：可能是杂食动物

长度：83 厘米（头骨）

身长：4 米（身体）

身高：未知

名字意义：“安德鲁斯的首领”，因为化石发掘队队长的名字是罗伊·查普曼·安德鲁斯

分布：人们在蒙古国戈壁沙漠的伊尔丁曼哈组地层（又称为额尔德尼曼达勒）发现了安氏兽化石

化石证据

目前关于安氏兽，我们只发现了一个缺少下颌的头骨化石。化石是在 20 世纪 20 年代早期被发现的，之后人们对化石发现地进行了考察，却没有找到其他安氏兽的标本。不过那个头骨被保存得很好，而且几乎是完整的，从中我们可以知道安氏兽的大牙齿很钝，头骨上可以附着大块颌部肌肉。相较于安氏兽而言，我们对它的一些亲戚了解得更为全面，如果安氏兽的比例和它们很接近，那它的体长可能为 4 米，到肩膀的高度可能为 1.8 米。

安氏兽巨大而神秘的头骨让古生物学家倍感困惑：它究竟是有史以来体形最大的肉食性陆生哺乳动物，还是杂食性陆生哺乳动物？安氏兽的头骨和颌部肌肉都非常大，因此它的咬合力极强。不过它的眼睛比较小，而且牙齿很钝，所以它可能并不会积极地捕杀猎物。如果它的身体与它的其他亲戚的类似的话，那么它应该会用蹄状后肢行走，而不会有食肉动物都有的趾爪。

牙齿

安氏兽有着极其强大的咬合力和较钝的牙齿，这说明它可以咬碎大骨头，因此可能以动物尸体为食。

目·中兽目·**科**·三尖中兽科·**属&种**·蒙古安氏兽

眼睛
安氏兽的眼睛很小，而且位置较低，和后排牙齿很接近。

你知道吗？

人们曾经以为安氏兽和鲸的祖先是近亲，最近的研究表明，这两种动物的关系并没有先前认为的那么密切。

时间轴（数百万年前）

540	505	438	408	360	280	248	208	146	65	1.8 至今

龙王鲸

重要统计资料

化石位置：美国、埃及、巴基斯坦

食性：食肉动物

体重：63 吨

身长：18 米

身高：未知

名字意义："帝王蜥蜴"，因为一开始人们认为它是一种海洋爬行动物

分布：人们已经在美国的阿拉巴马州、埃及的鲸鱼谷和巴基斯坦发现了龙王鲸化石

化石证据

由于龙王鲸椎骨的数量和长度都有增加，所以它才能长到如此之长。正如人们曾经描述的那样，它变成了"有史以来最像蛇的鲸鱼"。龙王鲸能够像鳗鱼一样移动，虽然它是上下移动而不是左右移动。它的脊椎似乎是中空的，其中很可能充满了液体。最近，人们发现了龙王鲸短小的后腿，由此可知它肯定不能用后腿在陆地上移动。

龙王鲸是一种海洋哺乳动物。大约 4000 万年前，它曾生活在史前时代的海洋中。19 世纪早期，人们在美国的阿拉巴马州发现了第一批龙王鲸骨头。但是直到 1845 年它才广为人知，当时古生物学家亚伯特 · 寇区复原了一具长达 35 米的巨大骨架，并称之为海蛇。后来，人们发现那具骨架中的骨头来自五个不同的个体，因此所谓的海蛇并不是真的。随后，人们在埃及的鲸鱼谷发现了一个保存完好的龙王鲸物种，又在巴基斯坦发现了另一个物种的化石。

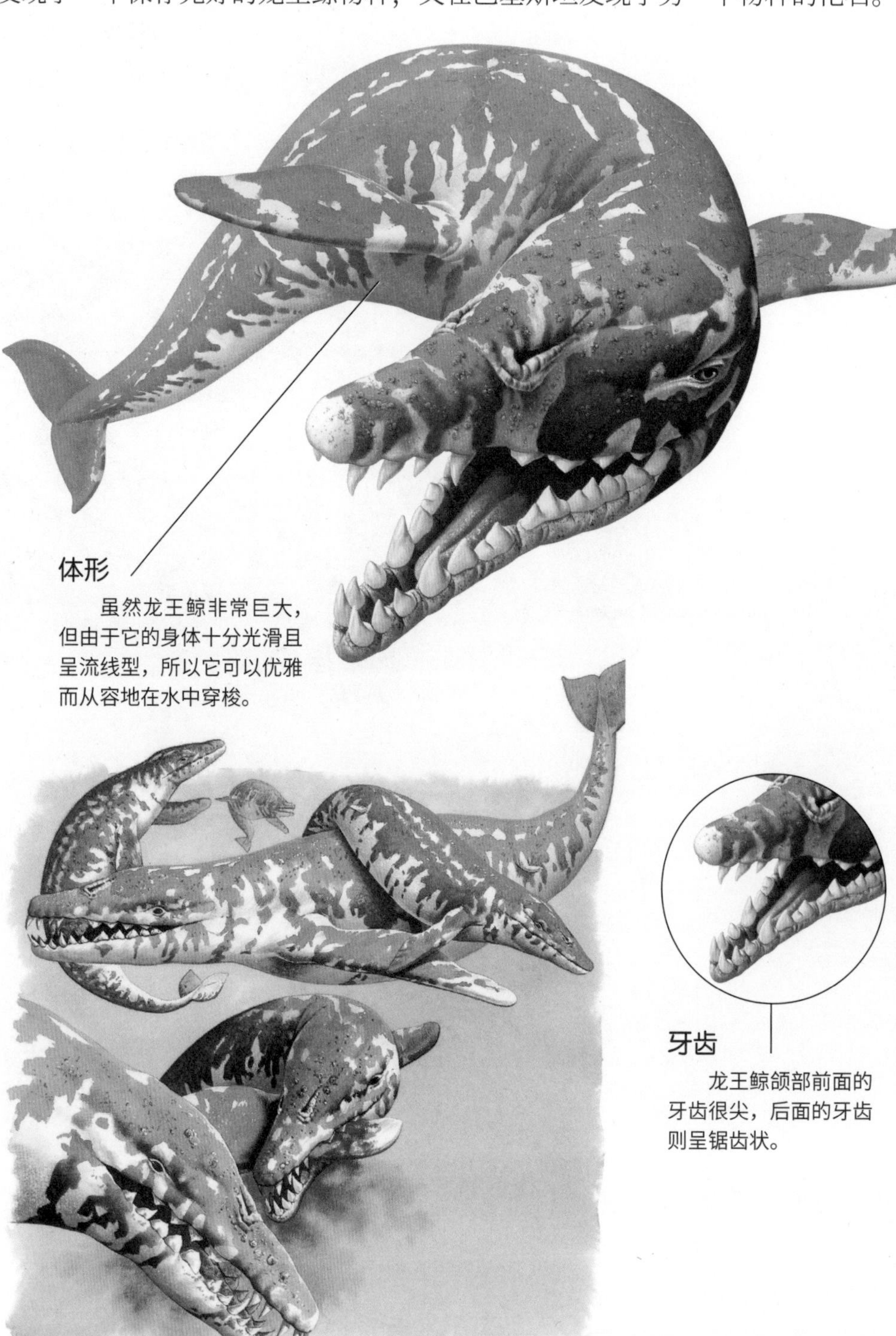

体形

虽然龙王鲸非常巨大，但由于它的身体十分光滑且呈流线型，所以它可以优雅而从容地在水中穿梭。

牙齿

龙王鲸颌部前面的牙齿很尖，后面的牙齿则呈锯齿状。

目·鲸目·**科**·龙王鲸科·**属 & 种**·在龙王鲸属内有众多物种

四肢的证据

龙王鲸的后肢长达 60 厘米，这是它的祖先遗留下的特征。对于一只如此巨大的动物来说，这样的后肢几乎无法帮它在水中穿行。龙王鲸的祖先之前在陆地上生活，它们会用腿行走，这些较小的后肢就是由当时的腿退化而成的。

你知道吗?

龙王鲸是美国南部密西西比州和阿拉巴马州的州化石。古生物学家就是在那里第一次发现了龙王鲸化石。

化石家具

大约在 1834 年，人们在美国的路易斯安那州和阿拉巴马州发现了许多西陶德龙王鲸化石。西陶德龙王鲸是龙王鲸属中的一个物种，不过当地居民却将许多化石变成了家具。解剖学家理察德·哈伦博士得到了其中一些化石，他发现这些具有重大科学价值的材料已经遭到了破坏。哈伦将这些化石命名为龙王鲸，另一位解剖学家理查·欧文爵士最终将它们分类为哺乳动物。

龙王鲸

伪造的海蛇

在古生物学发展的早期阶段，一个古生物学家要想愚弄公众，甚至让其他古生物学家相信他发现了一种令人惊艳的新物种，相对是比较容易的。1845年就发生了这样的事情，当时自称为博士的亚伯特·寇区得知人们在美国南部的阿拉巴马州发现了巨大的骨头，便亲自去那里观察。他决定创造出一具巨大的骨架，并将之展出。最终，他搭建了一具长达35米的庞大骨架，并将之描述为海蛇，而且声称这种动物比19世纪中期人们所知道的所有恐龙都更长、更大、更高。今天我们知道，如果海蛇真的有这么大，那么它就可以和长达35米的泰坦巨龙科恐龙——阿根廷龙相媲美了（人们于1993年首次描述了这种恐龙）。然而，寇区的海蛇在当时取得了巨大的成功，那具骨架不仅在纽约展出，随后还在欧洲各地进行展览。当然，那具骨架其实是寇区将一些动物的真化石错误地拼在一起，伪造出了所谓的海蛇。后来，人们发现那具骨架是由5个个体组成的，而且其中有一些并不是龙王鲸。寇区的海蛇最终毁于1871年的芝加哥大火。

王雷兽

重要统计资料

化石位置：北美洲

食性：食草动物

体重：1.8 吨

身长：未知

身高：到肩膀的高度为 2.5 米

名字意义："雷鸣野兽"，得名于它巨大的体形和印第安苏族的传说，这种动物就是在印第安苏族的土地上被发现的

分布：人们已经在美国的南达科他州和内布拉斯加州发现了王雷兽化石

化石证据

我们已经发现了很多保存完好的王雷兽骨架。骨架最明显的特征是有一个分叉的扁平鼻角，目前我们尚不清楚鼻角的作用是什么。由于王雷兽头骨差异很大，所以人们曾将很多物种都归到了王雷兽属下，但似乎王雷兽属中实际的物种数量比人们想得少很多。事实上，最近一些研究认为王雷兽应该被归为雷兽科中的巨角犀属。

王雷兽和现代犀牛很像，而且正如它的名字所表现的那样，当它行走时，地面可能会随之震动。第一次在美国发现王雷兽化石的可能是印第安苏族人，当暴风雨将泥土冲走之后，他们就发现了王雷兽的骨骼。因为苏族人认为这种动物穿越云层时会发出响声，所以他们称之为"雷鸣马"。古生物学家认为，苏族人发现的那些王雷兽标本是因火山爆发而一同死去所形成的。

头骨

王雷兽的巨大头骨被强有力的颈部肌肉支撑着，而颈部肌肉由长长的脊椎支撑着。

当地的危险

大约 5600 万年前，王雷兽曾活动于北美洲的大部分地区，不过当时那片地区十分危险，除了暴风雨和干旱之外，当地还存在另一种破坏力更强的危险。当时落基山脉正在形成，火山爆发十分频繁，这些火山爆发足以瞬间摧毁一群王雷兽。

目·奇蹄目·科·雷兽科·属&种·在王雷兽属内有众多物种

身体

王雷兽健壮的身体和现代犀牛很像，不过它其实和马的关系更近。

处于变化中的地球

在王雷兽存活的始新世时期，地球上的植物和地理环境发生了极其深刻的变化。当时出现了第一批草原，相应地，食草动物也进化出了新的牙齿和消化系统，从而适应新出现的植物。除此之外，地球上还出现了大量新的灌木和树木。始新世温暖的气候促进了大量树木的生长，尤其是落叶植物。当时还出现了开花植物。

断骨

根据化石，我们发现那些肋骨断了的王雷兽可能是在争夺交配权时输掉的一方。

时间轴（数百万年前）

540	505	438	408	360	280	248	208	146	65	1.8 至今

王雷兽

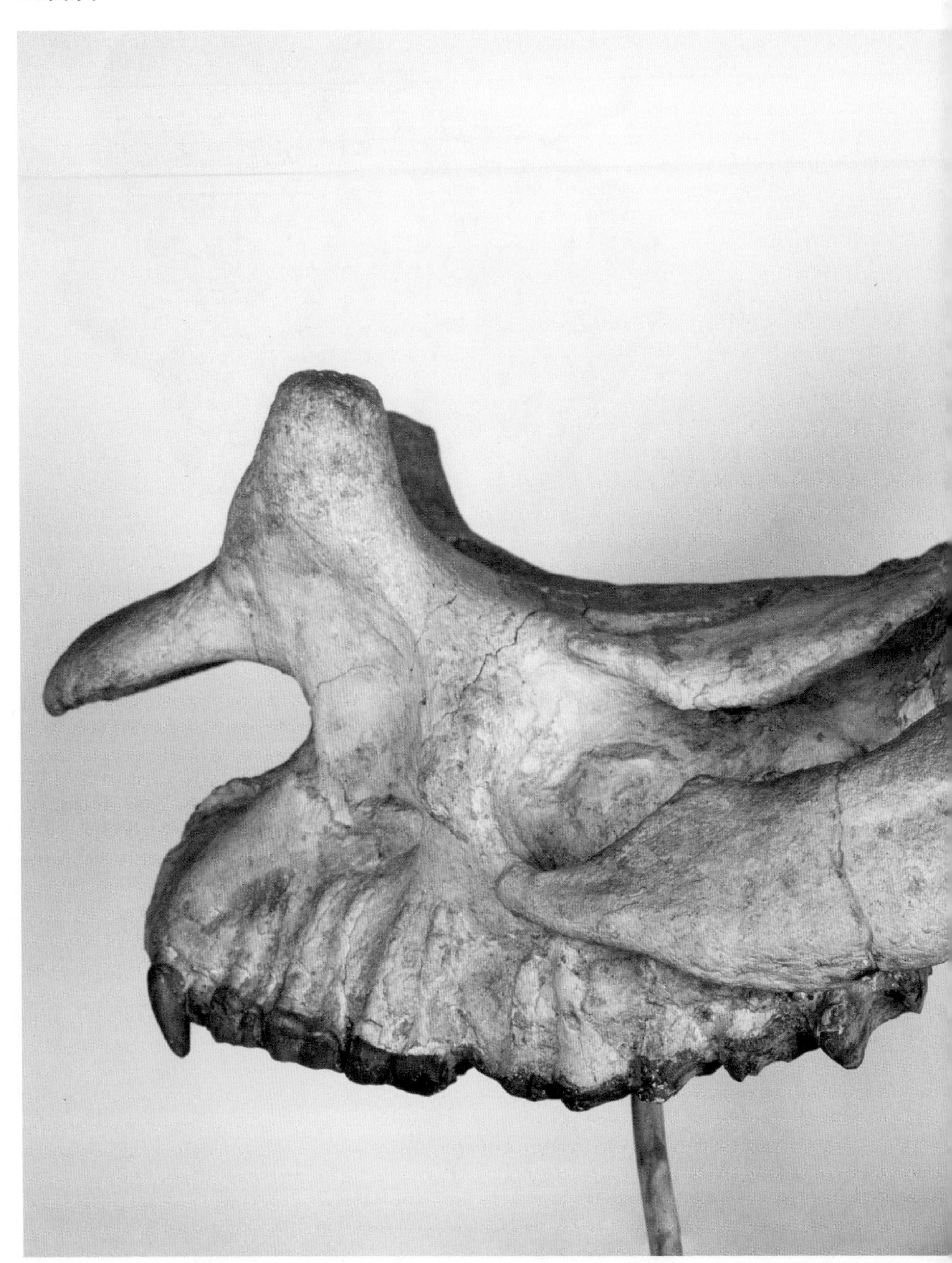

目·奇蹄目·**科**·雷兽科·**属 & 种**·在王雷兽属内有众多物种

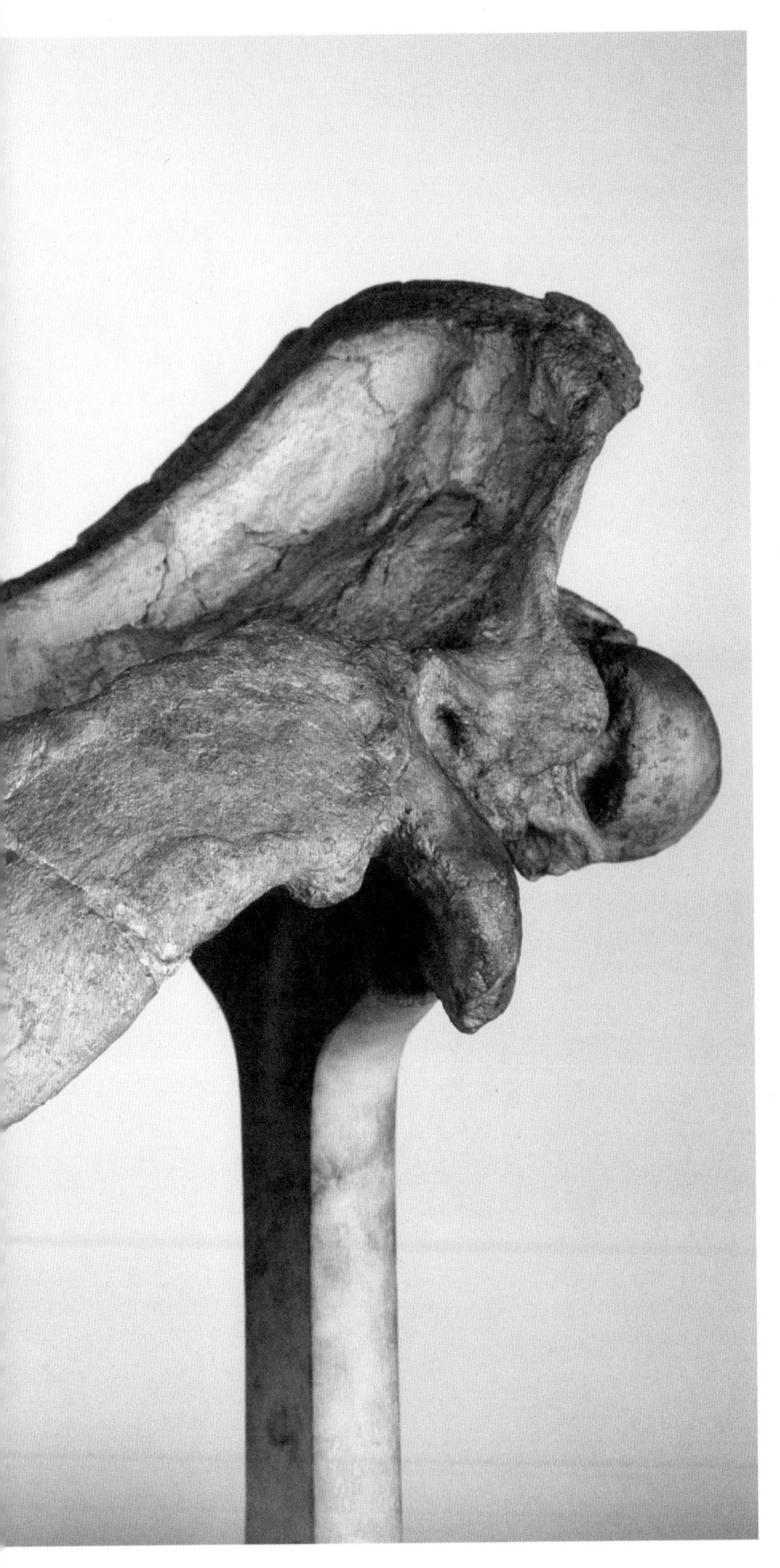

始新世的变化

始新世时期，地球上的地理环境极速变化。王雷兽生活在始新世的后半期，这个时期大约一直持续到 3800 万年前，大概就是在这个时候，王雷兽在北美洲的栖息地加利福尼亚大峡谷以及大西洋的大部分区域和墨西哥湾的沿岸平原一起沉入了太平洋。那片沉下去的沿岸平原从美国新泽西州延伸至得克萨斯州，进入密西西比河谷后，向北一直延伸到伊利诺伊州南部，因此王雷兽的一大片栖息地都在这时消失了。除此之外，挪威—格陵兰海也在始新世时期被打通了。在欧洲南部、非洲北部和亚洲西南部，大部分地区都被地中海淹没了。始新世时期的气候温暖宜人，当时“新”出现的那些哺乳动物是我们今天所熟悉的动物的祖先，包括犀牛、貘、骆驼、猪、猴、鲸、鼠和其他啮齿类动物。

埃及重脚兽

目·重脚目·**科**·重脚兽科·**属 & 种**·在埃及重脚兽属内有众多物种

大约 3600 万年前，埃及重脚兽曾生活在沼泽边缘的热带雨林中，它和现代犀牛很像。埃及重脚兽的身体健壮有力，通常它的体形就足以保护自己不受捕食者攻击了。

重要统计资料

化石位置：非洲和中东

食性：食草动物

体重：未知

身长：3 米

身高：到肩膀的高度为 1.8 米

名字意义：拉丁文名称“在埃及发现的”，源于公元 3 世纪的埃及皇后阿尔西诺伊二世，就是在她的法尤姆宫殿附近发现了这种动物化石

分布：人们已经在埃及的法尤姆、蒙古国、土耳其和埃塞俄比亚发现了埃及重脚兽化石

化石证据

目前人们只在埃及发现了埃及重脚兽的完整骨架。人们还在欧洲东南部和蒙古国发现了埃及重脚兽亲戚的颌部碎片，这些化石碎片形成的时间似乎早于埃及重脚兽的化石。2003 年，人们在埃塞俄比亚发现的埃及重脚兽化石已有 2700 万年的历史。埃及重脚兽最明显的特征是从鼻子上伸出的两个巨大的角。在那一对大角的后面，还有两个结节状的小角。为了维持庞大的身躯，埃及重脚兽似乎会将大部分时间用来进食。

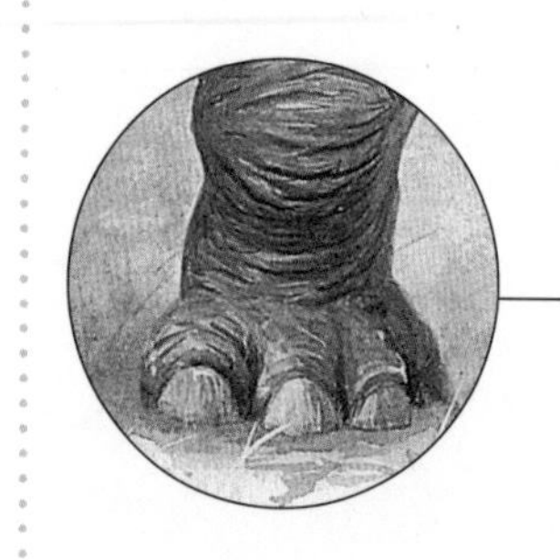

腿和脚

埃及重脚兽可能会大部分时间都是待在水里。相较于行走，它的长腿和宽而平的脚更适合涉水和游泳。

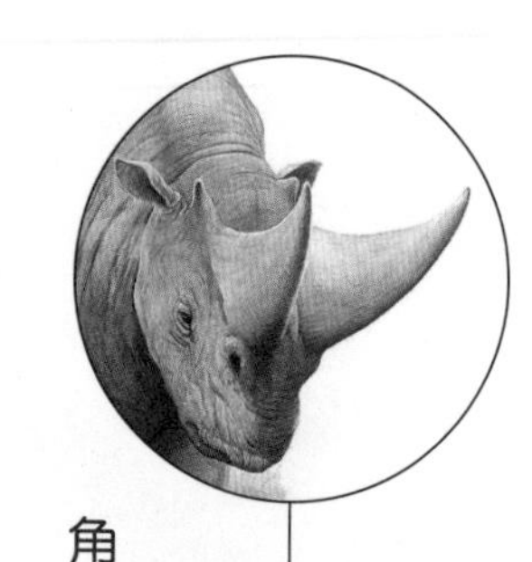

角

埃及重脚兽的鼻子上方长着两个巨大的角，这两个角宛如刀状，由实心骨头组成。

史前动物
第三纪早期（渐新世）

时间轴（数百万年前）

540	505	438	408	360	280	248	208	146	65	1.8 至今

乳齿鲸

目·鲸目·科·乳齿鲸科·属&种·乳齿鲸

重要统计资料

化石位置：澳大利亚

食性：食肉动物

体重：未知

身长：2.5 米

身高：未知

名字意义："哺乳动物的牙齿"，因为人们根据它的牙齿可以明显看出它是哺乳动物的后代

分布：人们曾在澳大利亚维多利亚州的托尔坎发现了乳齿鲸化石

化石证据

人们在 1932 年澳大利亚海滩发现了乳齿鲸，它是一种早期须鲸。和今天须鲸不同的是，乳齿鲸的嘴中长着牙齿，而且它可能也有鲸须板，可以从一大口水中过滤食物。乳齿鲸的脸很短，嘴中只有一到两颗门牙。这些牙的间距比较宽，但我们尚不确定它能否用鲸须过滤出小型海洋动物。20 世纪 90 年代晚期，人们在澳大利亚同一片海滩（简贾克海滩）发现了简君鲸，简君鲸和乳齿鲸生活在同一时代，不过它的牙齿更长。

史前动物
第三纪早期（渐新世）

英国古生物学家乔治·普里查德在澳大利亚多利亚州托尔坎的简贾克海滩发现了一块乳齿鲸的头骨。乳齿鲸是人们发现的第一种长着牙齿的须鲸。

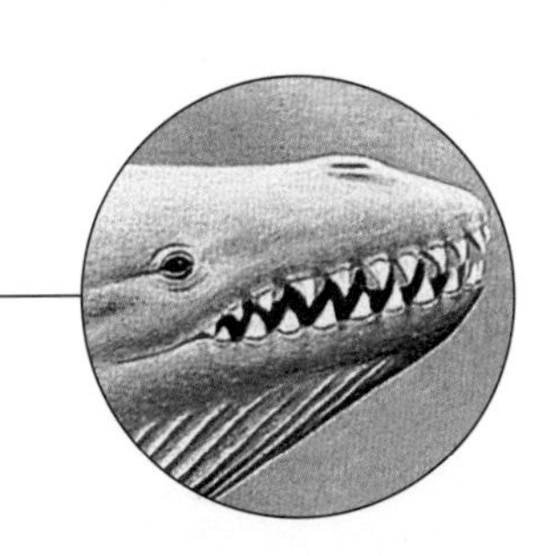

牙齿

和现代鲸鱼相比，乳齿鲸的体形很小。它有牙齿和鲸须板。

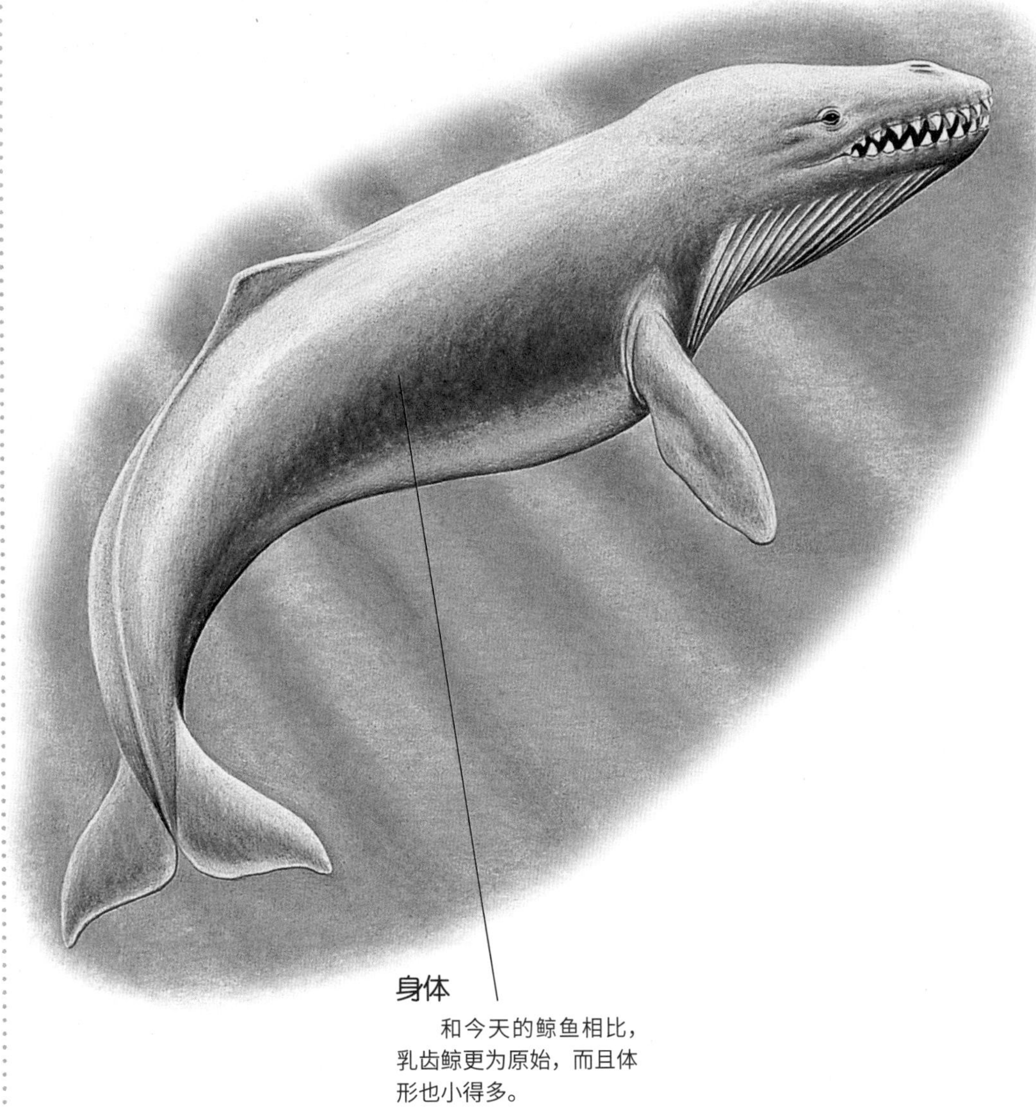

身体

和今天的鲸鱼相比，乳齿鲸更为原始，而且体形也小得多。

时间轴（数百万年前）

540	505	438	408	360	280	248	208	146	65	1.8 至今

焦兽

目 · 焦兽目 · 科 · 焦兽科 · 属 & 种 · 在焦兽属内有众多物种

重要统计资料

化石位置：阿根廷、玻利维亚

食性：食草动物

体重：未知

身长：3 米

身高：1.5 米

名字意义："火兽"，因为最早人们是在古老的火山灰沉降层中发现这种动物的化石的

分布：人们已经在南美洲的玻利维亚和阿根廷发现了焦兽化石。

化石证据

焦兽是一种蹄状动物（长着蹄子的动物）。它和现代大象很像，不过它的鼻子可能比较短，并没有大象的象鼻那么长。和大象一样，焦兽的腿又厚又粗，从而支撑起它较重的身体。焦兽一直从渐新世早期存活到渐新世晚期，早期它在阿根廷生活，晚期则来到了玻利维亚的萨拉。当焦兽生活在渐新世早期时，一些最早期的草原、大象和最早的马匹也出现了。

大约 3400 万年前，焦兽曾经生活在阿根廷。由于这种动物的化石发现地覆盖着古代火山爆发留下的火山灰，所以人们称它为"火兽"。

你知道吗？

焦兽和大象的外貌相似是由于趋同进化，而不是由于它们的关系很近。

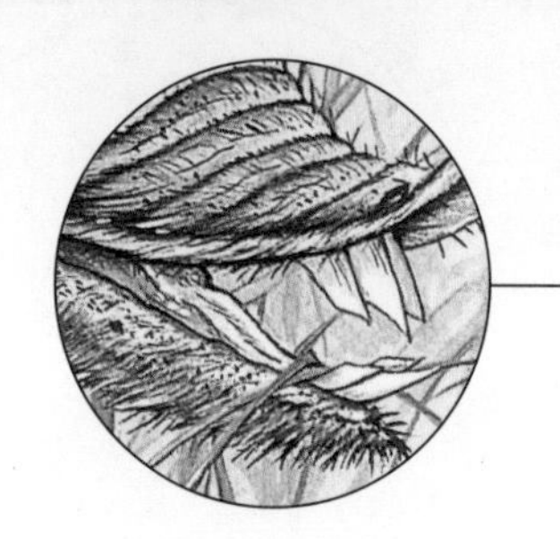

颌部

焦兽的上下颌上分别长着两个扁平朝前的尖牙。

时间轴（数百万年前）

540	505	438	408	360	280	248	208	146	65	1.8 至今

古河狸

目·啮齿目·**科**·河狸科·**属&种**·在古河狸属内有众多物种

古河狸是一种穴居动物，化石证据表明它们会以家庭为单位群居生活。它们的洞穴呈螺旋状。古河狸在挖洞时用的并不是爪子，而是门牙。

重要统计资料

化石位置：美国

食性：食草动物

体重：未知

身长：20 厘米

身高：未知

名字意义："史前河狸"，因为生活在渐新世和中新世时期

分布：人们已经在美国的南北达科他州和内布拉斯加州的哈里森市发现了古河狸化石

化石证据

尽管人们在 1869 年就描述了古河狸，但是直到 1891 年，人们才在美国内布拉斯加州发现了这种哺乳动物的洞穴化石，洞穴又被称为魔鬼螺旋（或"魔鬼的螺丝锥"）。虽然古河狸是一种穴居哺乳动物，和现代河狸半水生的生活方式不同，但化石证据表明，它们可能和现代河狸一样，都会以家庭为单位群居生活。1977 年，古生物学家在洞穴化石的表面发现了一些齿痕，由此人们才知道它们是如何挖洞的。一直以来，人们都不清楚这些洞穴到底是什么，直到在其中一个洞穴内发现了古河狸的身体化石。在那之前，人们一直以为这些洞穴化石是某种植物的根部化石。

牙齿

一开始科学家认为古河狸会用后肢挖洞，不过后续的分析表明它们其实是用有力的门牙挖洞的。

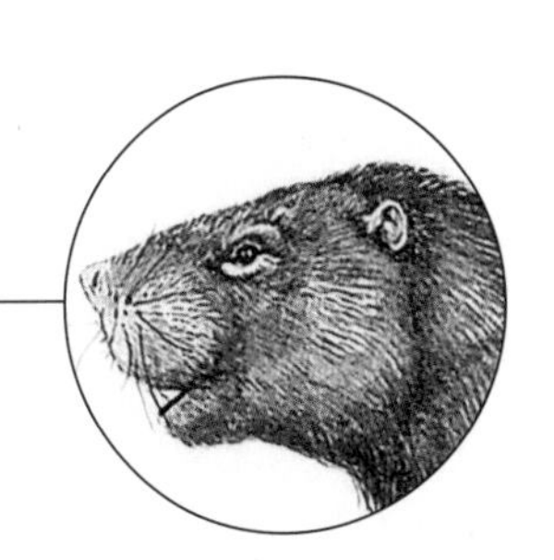

尾巴

由于古河狸是一种陆生动物，所以它的尾巴和现代河狸用于游泳的尾巴不一样，并没有那么扁平。

史前动物
第三纪（渐新世—中新世）

时间轴（数百万年前）

540 | 505 | 438 | 408 | 360 | 280 | 248 | 208 | 146 | 65 | 1.8 至今

加斯顿鸟

重要统计资料

化石位置：欧洲西部和中部、北美洲

食性：食肉动物

体重：170 千克

身长：未知

身高：2.13 米

名字意义："加斯顿的鸟"，得名于发现者加斯顿·普兰特，他在巴黎附近发现了第一批加斯顿鸟化石

分布：我们在欧洲的法国、比利时、德国以及北美洲都发现了加斯顿鸟化石

化石证据

1855 年，人们以法国物理学家加斯顿·普兰特的名字命名了加斯顿鸟。这位物理学家在巴黎附近默东镇的塑性陶土组地层发现了第一块加斯顿鸟化石。1870 年前后，著名的美国古生物学家爱德华·德林克·科普发现了更多加斯顿鸟化石，他将这种动物称为"不飞鸟"。根据加斯顿鸟的足印可知它的脚非常大。人们在巴黎附近的蒙莫朗西发现了一个长达 40 厘米的足印。另外，在美国华盛顿州黑钻石市附近的绿河谷也发现了一个足印，那个足印宽 27 厘米，长 32 厘米。

加斯顿鸟大约生活在 6000 万年前。尽管它看起来有点像一只巨型现代鹦鹉，但目前我们并没有在现存的鸟类中发现它的近亲。加斯顿鸟主要生活在茂密的森林中，那里气候多变，时而潮湿，时而部分干旱，有时是热带气候，有时是亚热带气候。

翅膀
加斯顿鸟的翅膀很小，因此可能无法将这只沉重的大鸟推向空中飞翔。
喙
由于加斯顿鸟有锋利的喙与爪，所以看起来非常可怕。不过我们尚不清楚它是否会捕食猎物。

目·冠恐鸟形目·**科**·冠恐鸟形科·**属 & 种**·在加斯顿鸟属内有众多物种

两个名字，同一种鸟

由于加斯顿·普兰特在 1855 年发现的是化石碎片，所以一开始人们认为加斯顿鸟是一种外形像鹤的鸟类。大约 15 年后，人们又发现了更多化石。1884 年，美国鸟类学家埃利奥特·科兹提出，加斯顿鸟和不飞鸟其实是同一种动物。但是直到 100 年后，人们才广泛接受了这一观点。

大鸟

如果加斯顿鸟是食肉动物，那么生活在史前时代的马始祖马很可能是它的猎物之一。由于加斯顿鸟体形巨大，而且有身高优势，因此可以压制体长 60 厘米左右的始祖马。另外，它强有力的爪子则可以轻松将始祖马按倒在地。

腿
加斯顿鸟是一种体形健硕的鸟类，有着粗壮的腿和致命的爪子。

时间轴（数百万年前）

540 | 505 | 438 | 408 | 360 | 280 | 248 | 208 | 146 | 65 | 1.8 至今

加斯顿鸟

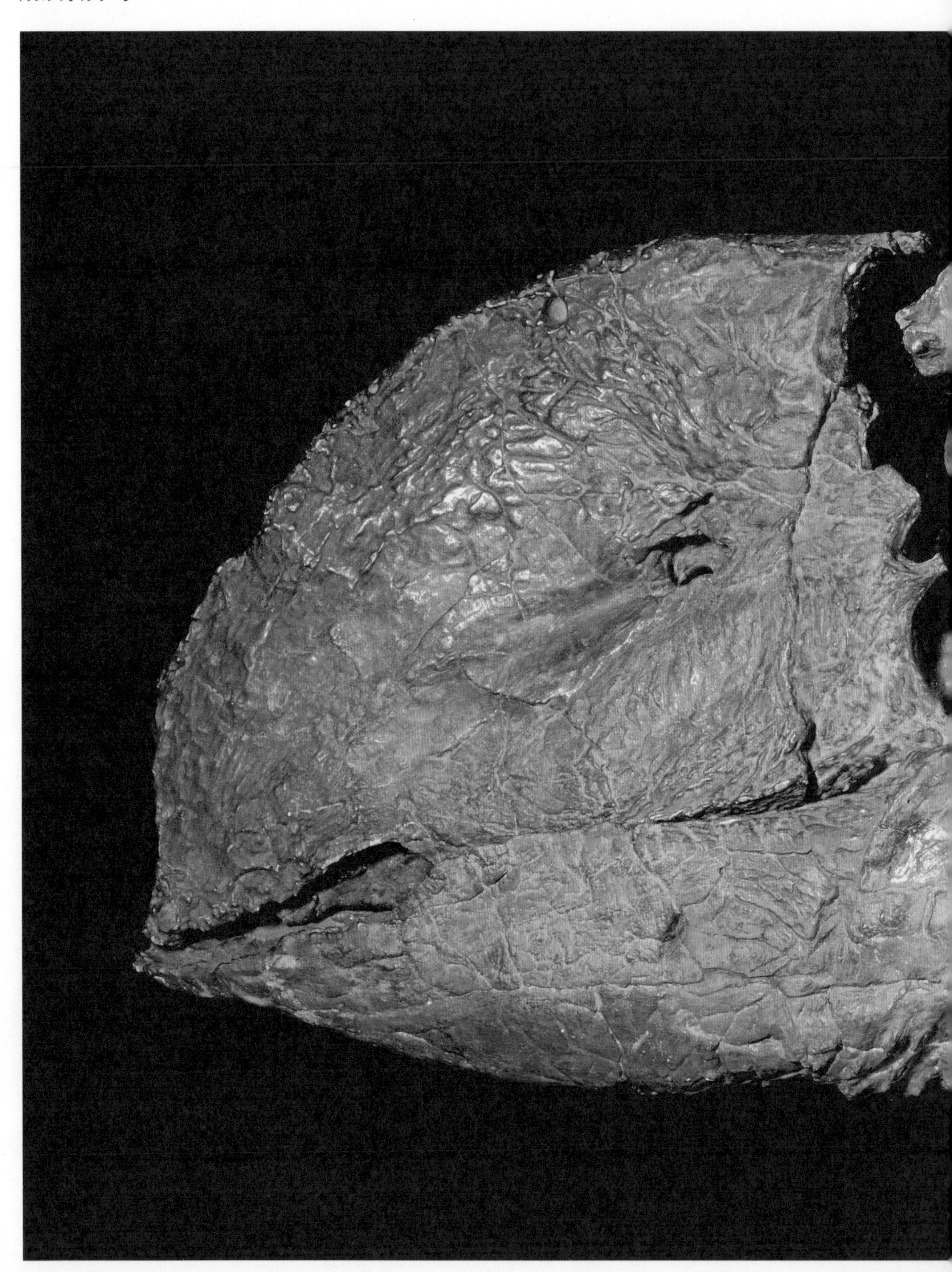

目·冠恐鸟形目·**科**·冠恐鸟形科·**属 & 种**·在加斯顿鸟属内有众多物种

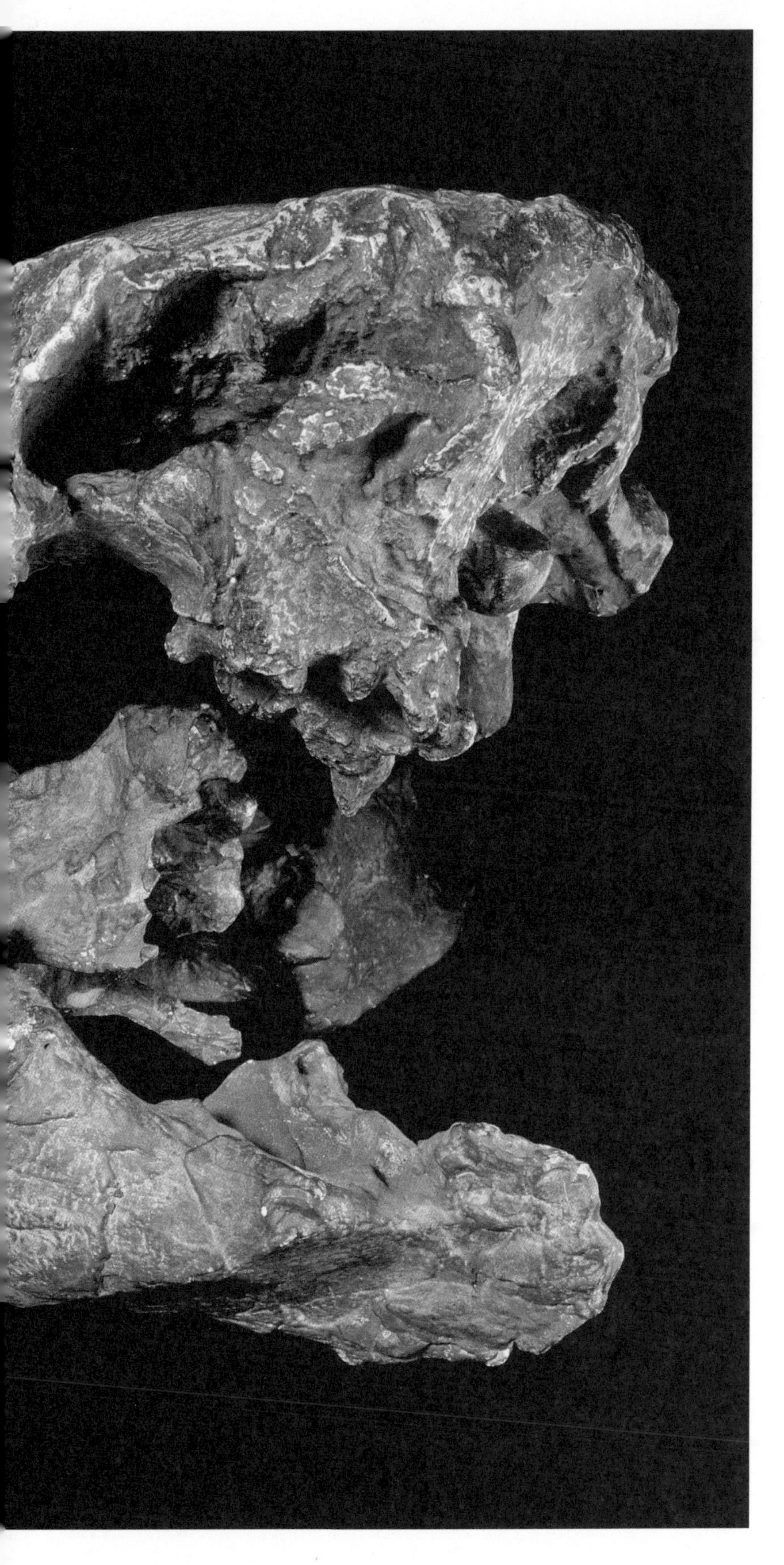

食性争议

虽然人们经常将加斯顿鸟归为杂食动物，但古生物学家还会争论它到底吃什么，以及它究竟是不是一种会捕食猎物的食肉动物。加斯顿鸟的腿巨大而强壮，爪子看上去也十分可怕，因此似乎是一种会捕杀猎物的食肉动物。但也有人怀疑它是否具备足够的速度和敏捷度，从而可以像其他食肉动物一样追赶、抓住并制服猎物。有人认为加斯顿鸟巨大的喙既不够强壮,也不适合“捕食”。加斯顿鸟究竟是用上下喙锋利的末端刺向猎物，并将猎物身上的肉撕扯下来，还是一种食草动物，只用喙压碎种子，和从树木和其他植物上剥离食物？除了上述两种解释之外，还有一种解释是加斯顿鸟是杂食动物——若是吃肉，只会吃体形较小的脊椎动物或无脊椎动物，它可以较为轻松地追上并抓住这些动物。

板齿象

目·长鼻目·**科**·嵌齿象科·**属&种**·在板齿象属内有众多物种

板齿象是猛犸象和现代大象的亲戚。它最早生活在北美洲，后来通过大陆桥来到了中国。那个大陆桥如今已被白令海覆盖。

重要统计资料

化石位置：美国、中国东部、非洲北部

食性：食草动物

体重：10吨

身长：未知

身高：2.4米

名字意义：可能是“在一起的长牙”（或者“融合的长牙”），是指它下颌处的长牙就像铲子一样

分布：人们已经在北美洲、中国和非洲北部发现了板齿象化石

化石证据

板齿象属于嵌齿象科。虽然人们戏称它为“长着铲状长牙的动物”，觉得它会用下颌上的长牙将食物铲进嘴中，但其实它的长牙还有更多作用。例如一些古生物学家根据它长牙的磨损情况，认为它会用长牙去剥树皮。在许多插画中，板齿象都长着又短又扁的象鼻，这可能是错误的，现在一些科学家认为，板齿象和现代大象一样，长着长鼻子。

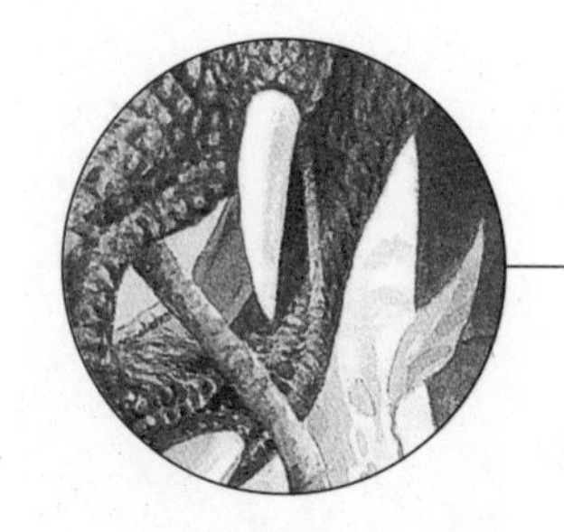

颌部

板齿象的下颌像铲子一样，上面长着两颗巨大的牙齿。

史前动物
第三纪晚期（中新世）

时间轴（数百万年前）

540	505	438	408	360	280	248	208	146	65	1.8 至今

凶齿豨

目 · 偶蹄目 · **科** · 豨科 · **属 & 种** · 肖肖尼凶齿豨

巨大的凶齿豨外形和猪很像，它是一种长着尖牙的哺乳动物，巨大的颌部可能可以将骨头咬碎。

重要统计资料

化石位置：北美洲、东亚

食性：可能是杂食动物

体重：907 千克

身长：3.4 米

身高：到肩膀的高度为 2.4 米

名字意义：“极具破坏力的牙齿”，得名于它足以压碎骨头的牙齿

分布：人们已经在北美洲和东亚发现了凶齿豨化石

化石证据

美国内布拉斯加州的玛瑙泉采石场中有一块巨大的骨层，那块骨层表明曾有几十只凶齿豨同时在此地死亡，它们很可能是因干旱而死。我们曾在哺乳动物石爪兽的骨头上发现过捕食者凶齿豨的牙印。凶齿豨是一种长着凶猛牙齿的捕食者，不过它也会吃植物。凶齿豨是哺乳动物，一些古生物学家认为，它们头骨上的“疣”可能和它们强壮的颌部肌肉附着在一起。

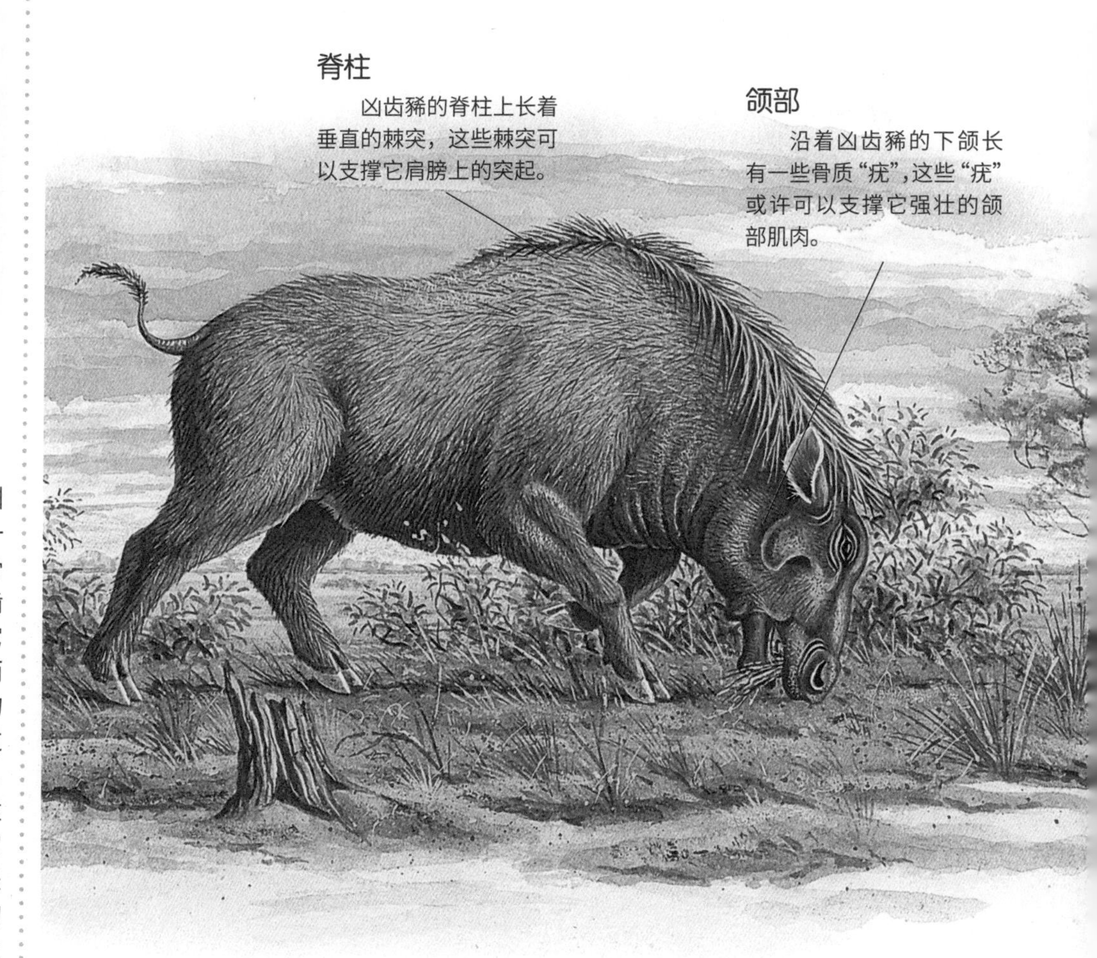

脊柱

凶齿豨的脊柱上长着垂直的棘突，这些棘突可以支撑它肩膀上的突起。

颌部

沿着凶齿豨的下颌长有一些骨质“疣”，这些“疣”或许可以支撑它强壮的颌部肌肉。

牙齿

凶齿豨强壮的牙齿首先会让人想到它是一种食肉动物，但是我们根据某些特定的细节，知道它可能是一种杂食动物，还会吃动物的尸体。

史前动物
第三纪晚期（中新世）

时间轴（数百万年前）

540	505	438	408	360	280	248	208	146	65	1.8 至今

恐毛猬

目 · 猬目 · **科** · 猬科 · **属 & 种** · 在恐毛猬属内有众多物种

大约 1120 万年前，恐毛猬曾经生活在现在的意大利。它属于猬科或月鼠科，但它其实更像一种长着长毛和长腿的巨型刺猬。

重要统计资料

化石位置：意大利

食性：食虫动物 / 食肉动物

体重：9 千克

身长：60 厘米

身高：未知

名字意义：可能是“可怕的盔猬”，因为它和另一种叫作盔猬的刺猬很像，不过体形比盔猬更大一些。“盔猬”名字的意思是可能“穿着头盔的动物”

分布：我们已经在意大利南部普利亚区福贾省的格瓦西澳采石场（中新世时期为加尔加诺岛）发现了恐毛猬化石

化石证据

1972 年，人们第一次描述了恐毛猬。由化石可知，恐毛猬的锥状脸很瘦，头骨长度为 20 厘米，是其体长的三分之一。恐毛猬可能就是所谓的“岛屿巨人症”的例子，岛屿巨人症是一种自然现象，意思是说那些生活在孤立岛屿上的动物有时会比生活在大陆上的同类动物大得多。和现代刺猬不同，恐毛猬的皮肤上长着毛，而不是刺。

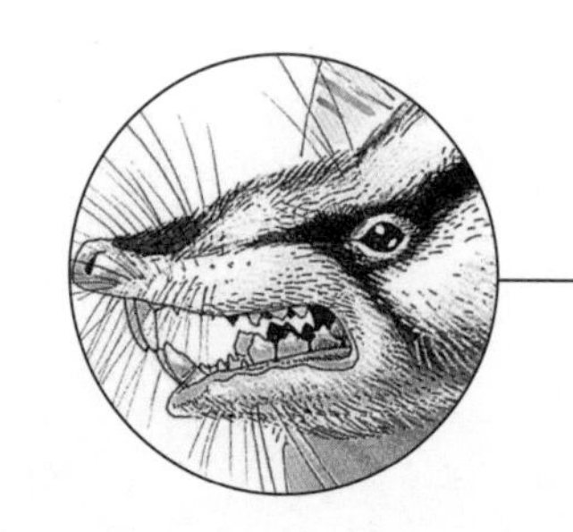

头骨

孔氏恐毛猬是体形最大的恐毛猬之一，它的头骨长度为 20 厘米，体长为 60 厘米。

爪子

恐毛猬可能会用可怕的爪子去抓不同猎物，例如甲壳虫、蜻蜓、蟋蟀、蜗牛和蜥蜴。

史前动物
第三纪晚期（中新世）

时间轴（数百万年前）

540	505	438	408	360	280	248	208	146	65	1.8 至今

巨弓兽

目·南方有蹄目·**科**·巨弓兽科·**属＆种**·坎氏巨弓兽

1869 年，人们在阿根廷的圣克鲁斯组地层发现了巨弓兽化石。巨弓兽是体形最大的陆生哺乳动物之一，非常适合以植物为食。

重要统计资料

化石位置：阿根廷

食性：食草动物

体重：未知

身长：2 米

身高：未知

名字意义：拉丁语可能是“有着平滑牙齿的野兽”

分布：人们已经在阿根廷塔里哈省的圣克鲁斯组地层发现了巨弓兽化石

化石证据

我们由巨弓兽的化石可知，这种哺乳动物的后腿又短又壮，前肢则长而灵活。巨弓兽的化石有一个明显特征，它的上臂骨非常大。上臂骨上有突出的骨脊，活着的巨弓兽，骨脊上会附着着强壮的肌肉，这或许可以使巨弓兽在挖掘植物根茎或拉扯树枝时使出更大的力气。巨弓兽可能会像树懒一样，用脚的外缘行走，呈现一种内八字的步态。

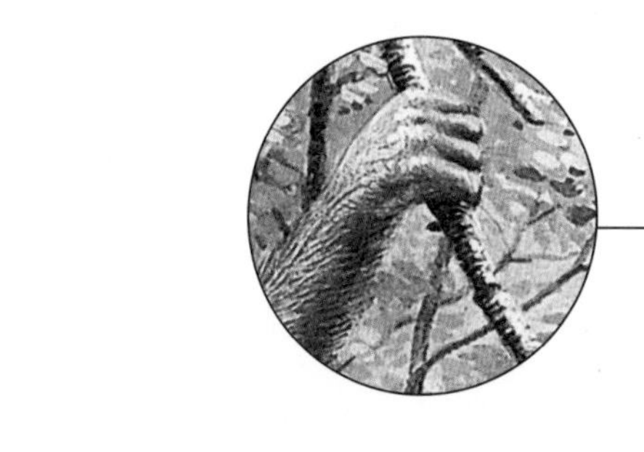

有铰链式关节的手腕

巨弓兽的前肢手腕很灵活，可以抓住并拽下树枝，从而摘到上面的树叶和水果。

颌部

巨弓兽吃东西的方式很可能是先将树枝拽下来，然后再吃上面的树叶。现在很多大熊猫也是这样吃东西的。

时间轴（数百万年前）

540	505	438	408	360	280	248	208	146	65	1.8 至今

阿根廷巨鹰

阿根廷巨鹰是已知最大的飞鸟，它会在领地上空滑翔，寻找猎物，等找到之后，就可以发动突袭，捕杀猎物。

阿根廷巨鹰是一种巨大的中新世飞鸟。它的翼展可能长达 8 米，体重超过 63 千克。如今翼展最大的鸟类(漂泊信天翁)的翼展为 3.6 米，最重的现代飞鸟的体重为 18~20 千克，由此我们大概就可以知道阿根廷巨鹰究竟是多么巨大了，光是它的肱骨就和成年人的胳膊差不多长。

重要统计资料

化石位置：阿根廷

食性：食肉动物

体重：63~80 千克

身长：8 米

身高：1.5 米

名字意义："阿根廷鸟类"，因为化石在阿根廷被发现

分布：阿根廷巨鹰曾经生活在现今的阿根廷，目前我们还没有在其他任何地方发现这种鸟类的化石

化石证据

为了有利于飞行，飞鸟的骨架必须非常轻，为了实现这一点，它们会有中空的骨头，而且骨壁非常薄。由于骨壁很薄，所以也较为脆弱，因此，鸟类化石极其罕见，而且通常都是单独的骨头或碎片。虽然目前我们还没有发现完整的阿根廷巨鹰骨架，但我们根据其他分散的碎片合成了阿根廷巨鹰的复原图。从安第斯山脉的山麓到潘帕斯草原，都有发现阿根廷巨鹰的化石，由此可知，这种鸟类是为了帮助自己飞翔才选择了这些地方，它可以借助安第斯山脉斜坡上的风以及潘帕斯草原上温暖的气流来飞行。

目·鹳形目·**科**·畸鸟科·**属&种**·阿根廷巨鹰

翅膀

滑翔的鸟类只有拥有巨大的翅膀，才能在不拍打翅膀的情况下飞到远方。阿根廷巨鹰的翅膀面积为7平方米。

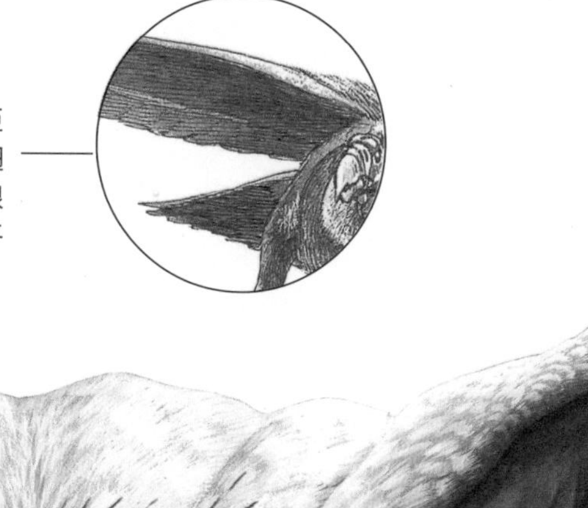

喙

阿根廷巨鹰的喙尖呈弯钩状，由此可知它是一种肉食鸟类。而它的头骨结构则表明它会将许多食物整个吞下。

你知道吗？

可能因为阿根廷巨鹰的体形太过庞大，所以如果它经常在飞行时拍打翅膀，就无法保持身体平衡。相反，它会利用像风和温暖的气流这样的环境条件将自己庞大的身躯推向天空。

时间轴（数百万年前）

540	505	438	408	360	280	248	208	146	65	1.8 至今

石爪兽

目·奇蹄目·**科**·爪兽科·**属&种**·在石爪兽属内有众多物种

大约2350万年前，石爪兽曾经生活在北美洲。这种动物的外表十分奇怪，就像一匹长着大爪子的马。

重要统计资料

化石位置：美国

食性：食草动物

体重：未知

身长：未知

身高：到肩膀的高度为2.43米

名字意义："行动迟缓的脚"，因为人们认为它行动缓慢而笨拙

分布：人们已经在美国内布拉斯加州的玛瑙泉采石场发现了石爪兽化石

化石证据

石爪兽的后腿又短又壮，前肢长而灵活。它是一种爪兽科动物，属于哺乳动物中的奇蹄目，和今天的马、犀牛和貘同目。它的臼齿又宽又低，非常适合吃柔软的多叶植物。当它在灌木或茂密的树林中时，没有角来妨碍它觅食。

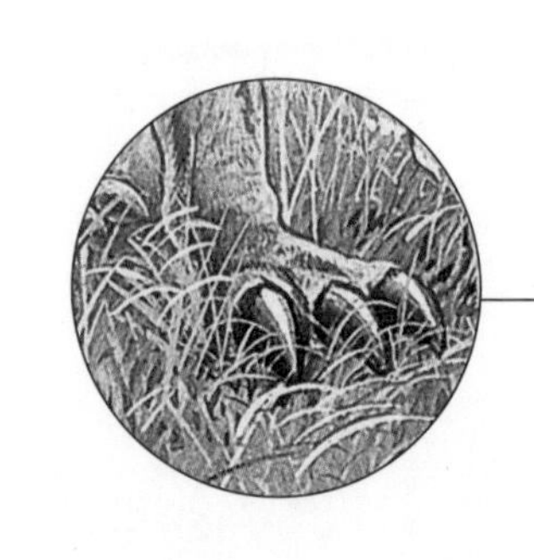

后肢

石爪兽很可能只吃某些特定的植物，它可能会用巨大的爪子去挖掘块茎。

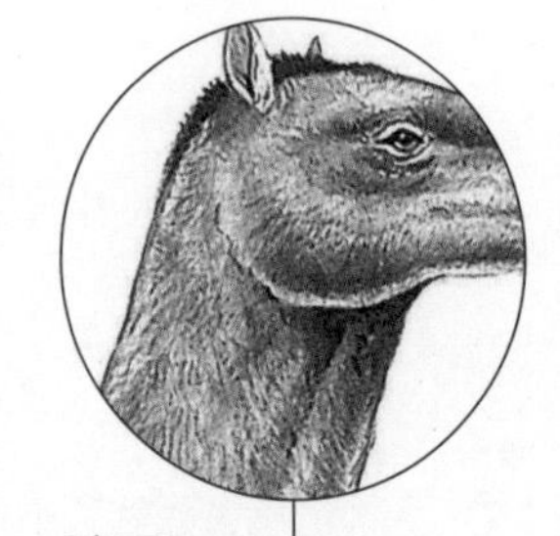

脖子

由于石爪兽的颈椎骨上有一个球窝式结构，因此当它吃树叶时，可以将头抬得非常高。

时间轴（数百万年前）

540	505	438	408	360	280	248	208	146	65	1.8 至今

恐犬

目·食肉目·**科**·犬科·**属&种**·在恐犬属内有众多物种

恐犬是一种生活在史前时代的狗，和鬣狗很像。它曾经生活在大约 600 万年前的美国。恐犬的颌部非常强壮，或许可以咬开并咬碎骨头。

重要统计资料

化石位置：美国

食性：食肉动物

体重：未知

身长：未知

身高：0.6 米

名字意义："狼吞虎咽的进食者"，因为人们认为它非常贪吃

分布：人们已经在美国很多地方发现了恐犬化石，其中包括堪萨斯州的埃德森采石场、得克萨斯州的奥加拉拉组地层以及佛罗里达州的迪克西县

化石证据

恐犬是一种原始的狗。它的圆锥状牙齿和现代鬣狗的很像，突出的前额是它的另一特征。恐犬曾在北美洲的平原上游荡，它可能会以动物尸体为食。

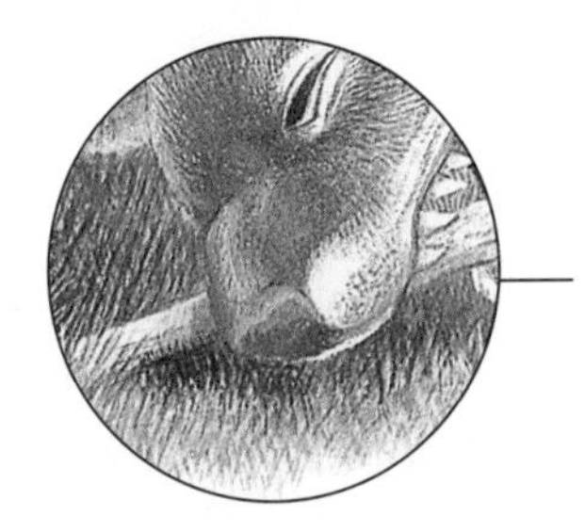

鼻子

和今天的狗一样，恐犬的嗅觉可能也十分灵敏，它可以用嗅觉找到死去的动物尸体。

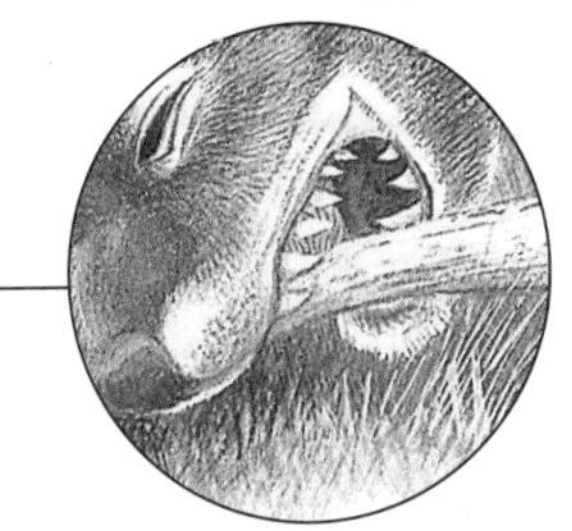

牙齿

恐犬的嘴巴前面长着宽而弯曲的尖牙，牙齿上面有厚厚的釉质。

时间轴（数百万年前）

540 | 505 | 438 | 408 | 360 | 280 | 248 | 208 | 146 | 65 | 1.8 至今

四角鹿

目·偶蹄目·**科**·原角鹿科·**属&种**·四角鹿

重要统计资料

化石位置：美国

食性：食草动物

体重：未知

身长：1.5 米

身高：未知

名字意义："在一起的角"，因为它鼻子上的两只角在根部是融合在一起的

分布：人们已经在美国内布拉斯加州的野猫岭发现了四角鹿化石

四角鹿看上去和鹿很像，但它们有一处不同。四角鹿的角并不是鹿角，除了头上的那对角之外，它还有另一对在鼻根部融合在一起的角。

化石证据

四角鹿和鹿很像，但它其实和史前骆驼更相似。1905 年，古生物学家乔治·巴伯首先描述了四角鹿。但是直到 1968 年，人们才在美国内布拉斯加州的野猫岭下发现藏着的大批化石。1999 年，人们根据内布拉斯加大学州立博物馆的"快速抢救古生物学计划"开始挖掘这批化石，在野猫岭的化石发掘中，人们发现了 46 种动物，其中一种是极其罕见的四角鹿。四角鹿的牙齿和今天骆驼的牙齿以及鹿的牙齿很像。

角

四角鹿可以用两对角吸引配偶，而当它与其他雄性四角鹿争夺统治权时，也可以用角进行打斗。

蹄子

四角鹿的蹄子和鹿的很像。每只脚上有两个碰不到地面的退化的外脚趾。

皮肤

四角鹿的角上可能有皮肤覆盖，这和长颈鹿的角很像。

时间轴（数百万年前）

540 505 438 408 360 280 248 208 146 65 1.8 至今

大地懒

目 · 披毛目 · 科 · 大地懒科 · 属 & 种 · 在大地懒属内有众多物种

现代树懒的体形并不大，但大地懒（一种生活在陆地上的树懒）是有史以来地球上体形最大的哺乳动物之一，当它用后腿直立时，高度差不多是今天非洲象的两倍。

重要统计资料

化石位置：南美洲

食性：食草动物

体重：5 吨

身长：5.4 米

身高：当它用后腿直立时，身高为 6 米

名字意义："大野兽"，得名于它巨大的形体

分布：大地懒最早生活在南美洲，随后迁徙到了北美洲

化石证据

1789 年，人们首先在巴西发现了大地懒化石，化石表明大地懒的颌部非常强壮。大地懒无论它是用四足行走，还是用两条后腿行走，可能都走得很慢。当大地懒直立的时候，会用它的短尾巴平衡身体，这样它就可以碰到长在较高处的树枝。大地懒的牙齿像钉子一样，它会用强壮的颌部肌肉将吃进去的植物磨碎。

爪子

大地懒的每个前肢上分别长着三个弯曲的指爪，后脚上则分别长着五个趾爪。

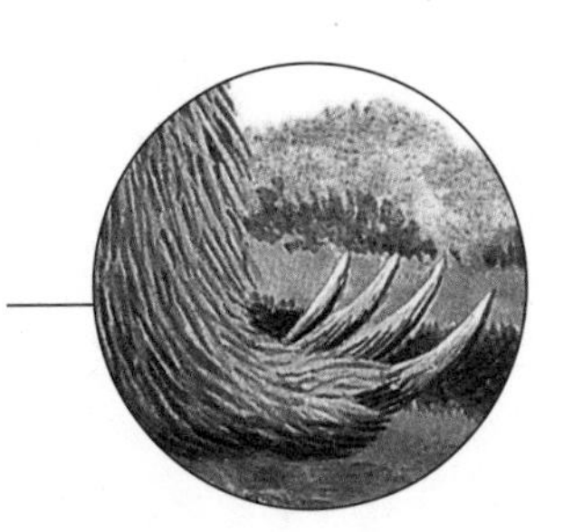

步态

大地懒的脚趾上长着巨大而弯曲的趾爪，由于趾爪比较碍事，所以它会用脚的侧边行走。

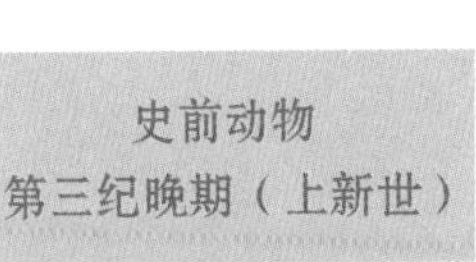

时间轴（数百万年前）

540 | 505 | 438 | 408 | 360 | 280 | 248 | 208 | 146 | 65 | 1.8 至今

西瓦鹿

目·偶蹄目·**科**·长颈鹿科·**属 & 种**·在西瓦鹿属内有众多物种

西瓦鹿是一种已灭绝的长颈鹿。它和现代的獾伽狓很像，不过它要大得多。

重要统计资料

化石位置：印度、南亚

食性：食草动物

体重：未知

身长：未知

身高：到肩膀的高度为2.2米

名字意义："湿婆的野兽"，由于这种动物的化石发现于西瓦利克山脉，所以人们用湿婆神（印度教中最重要的神）的名字给它命名

分布：西瓦鹿化石主要位于印度和南亚周边地区

化石证据

西瓦鹿化石更常见于印度地区。尽管它的外表和麋鹿很像，但它其实是一种长颈鹿。它的肩膀健硕有力，可以支撑起为了支撑它沉重的头部而形成的强壮的颈部肌肉。西瓦鹿的脖子和四肢相对较短，头上长着又宽又扁的长角。它的口鼻部很宽，和驼鹿的很像。

鹿角

西瓦鹿的头上有两个大鹿角（骨质肿块），它的眼睛上方还有另一对小得多的鹿角。

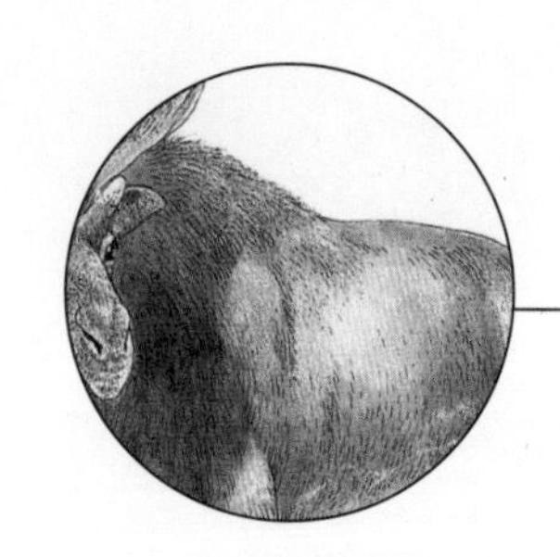

背部和脖子

一些西瓦鹿的复原图表明它的背部倾斜，脖子较长，尽管它的脖子并没有今天长颈鹿的脖子长。

史前动物
第三纪晚期（上新世）

时间轴（数百万年前）

540 | 505 | 438 | 408 | 360 | 280 | 248 | 208 | 146 | 65 | 1.8 至今

南美袋犬

目 · 袋犬目 · **科** · 古鬣狗科 · **属 & 种** · 粗齿南美袋犬，结节南美袋犬

南美袋犬是一种有袋类动物，换言之，这种哺乳动物可以在育幼袋中抚育幼崽。南美袋犬的身体很重，因此它可能无法用平足和短腿快速奔跑。

重要统计资料

化石位置：南美洲

食性：食肉动物

体重：100 千克

身长：1.5 米

身高：未知

名字意义：“狼吞虎咽的鬣狗”，因为人们推测它和鬣狗一样贪得无厌

分布：我们已经在南美洲发现了南美袋犬化石

化石证据

南美袋犬和鬣狗很像，人们在阿根廷中新世时期的岩石中发现了它的化石。南美袋犬的头骨很大。虽然它的尖牙并不是很长，但是作为一种凶猛的食肉动物，它的牙齿宽而有力，可以有效地咬碎猎物。南美袋犬可能无法快速行动，它或许会在遮蔽物后伏击猎物，然后再用爪子将猎物抓住。

脚

南美袋犬每只脚上都长着 4 个趾爪，是一种可怕的捕食者。

牙齿

南美袋犬宽而有力的牙齿或许可以咬碎骨头。

史前动物
第三纪晚期

时间轴（数百万年前）

540 | 505 | 438 | 408 | 360 | 280 | 248 | 208 | 146 | 65 | 1.8 至今

拟噬人鲨

目 · 鼠鲨目 · **科** · 鼠鲨科 · **属 & 种** · 巨齿拟噬人鲨

请想象一下：一只体形庞大的史前鲨鱼，大到可以捕食鲸鱼，它像一辆校车那么长，而且牙齿和成年人的手掌一样大。

巨齿拟噬人鲨是一种体形庞大的鲨鱼，长着巨大的锯齿状牙齿。在人们通常的描述中，巨齿拟噬人鲨和现代大白鲨很像，不过它比大白鲨更强壮。在过去很长一段时间，人们都认为它是一种巨型大白鲨，但最近的研究表明它其实和灰鲭鲨的关系更近。

重要统计资料

化石位置：世界各地

食性：食肉动物

体重：45.36 吨

身长：18 米

身高：未知

名字意义："锯齿状夹钳"或"锯齿状并且知名"，得名于它尖利的牙齿

分布：我们在世界各地都发现了巨齿拟噬人鲨（有时简称为巨齿鲨）的牙齿化石

化石证据

早在几百年前，人们就已经发现了史前鲨鱼巨大的牙齿。由于鲨鱼历史悠久，种类繁多，无论过去还是现在，数量都极其丰富，而且在它们的一生之中，会有无数颗坚固耐用的牙齿长出（和脱落），因此在脊椎动物的化石中，鲨鱼牙齿的化石很可能最为常见。但我们对鲨鱼其他部位的骨骼却知之甚少。这是因为鲨鱼的骨骼是由软骨组成的，通常很难保存在化石中。不过，偶尔我们在发现鲨鱼牙齿的同时，还发现了它的颌部和脊椎化石，根据这些化石，我们推测巨齿拟噬人鲨可以长到 18 米。

牙齿

目前已知最大的拟噬人鲨牙齿长达 20 厘米，不过它的嘴中也有一些很小的牙齿。

脊椎

那些在鲨鱼活着时矿化程度越高的脊椎，越容易在鲨鱼死后变成化石。巨齿拟噬人鲨的脊椎非常巨大。

史前动物
第三纪晚期

时间轴（数百万年前）

540 | 505 | 438 | 408 | 360 | 280 | 248 | 208 | 146 | 65 | 1.8 至今

铲齿象

目 · 长鼻目 · **科** · 嵌齿象科 · **属 & 种** · 在铲齿象属内有众多物种

铲齿象是现代大象的亲戚，大约生活在 1500 万年前。铲齿象生活在多沼泽的热带草原或温带草原，可能以柔软的树叶和树皮为食。

重要统计资料

化石位置：世界各地

食性：食草动物

体重：4 吨

身长：6 米

身高：到肩膀的高度为 2.8 米

名字意义：可能是“宽阔的尖牙”或“宽阔的獠牙”，因为它下颌处的尖牙比较扁平

分布：我们在世界各地都发现了铲齿象化石

化石证据

铲齿象可能会通过大陆桥穿梭于北美洲西北部和西伯利亚东部，因此这两个地方都有它的化石。铲齿象巨大的下颌前部长着两个扁平的牙齿。铲齿象可以先用颊齿磨碎树叶，然后再将树叶吞下。铲齿象还有两个朝下的锋利尖牙。它可能会用尖牙将树皮剥下来当作食物，当地表干涸时，它或许会用尖牙挖掘地下水，另外尖牙可能还会被用作武器。

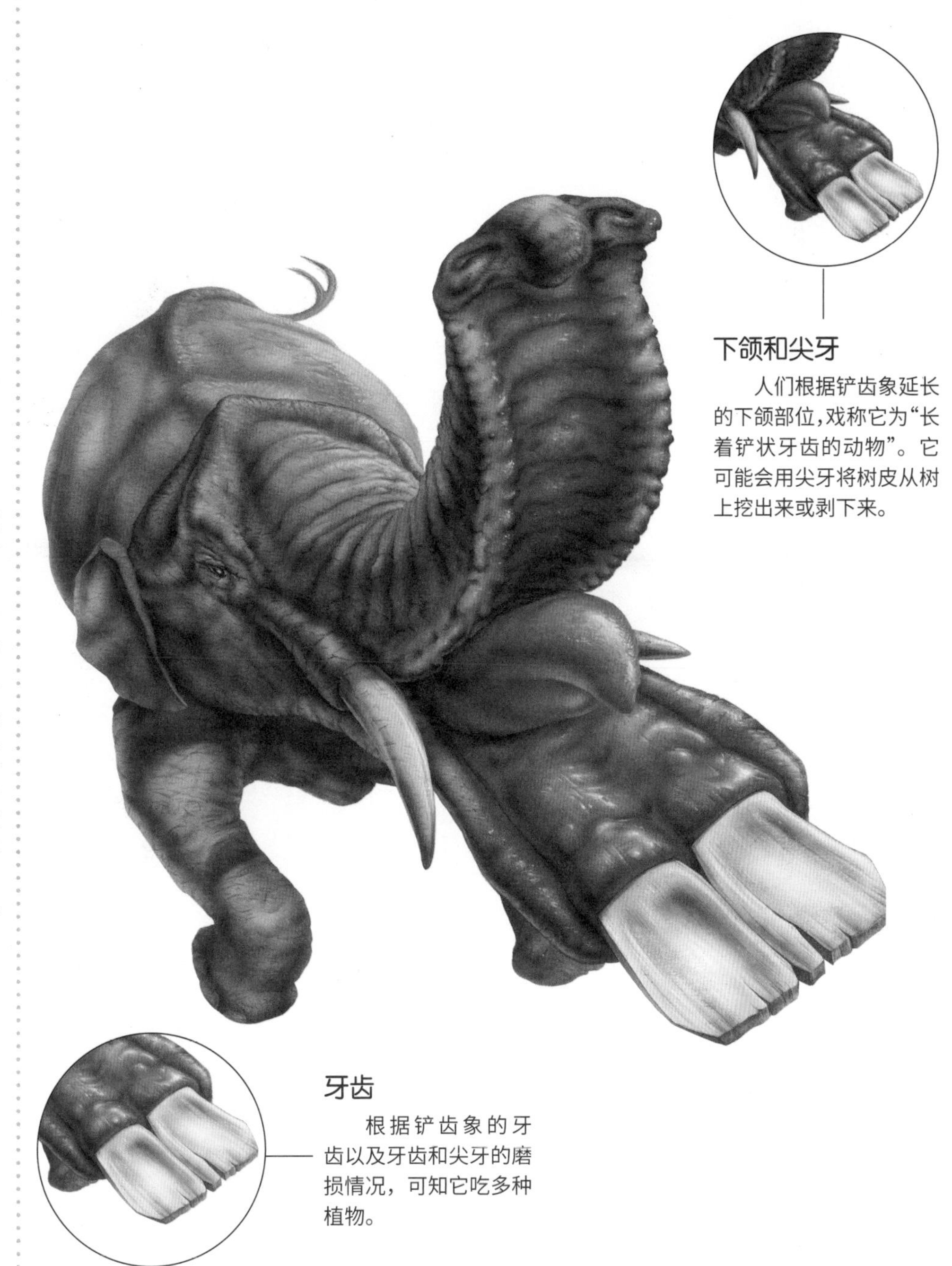

下颌和尖牙

人们根据铲齿象延长的下颌部位，戏称它为“长着铲状牙齿的动物”。它可能会用尖牙将树皮从树上挖出来或剥下来。

牙齿

根据铲齿象的牙齿以及牙齿和尖牙的磨损情况，可知它吃多种植物。

史前动物
第三纪晚期

时间轴（数百万年前）

540	505	438	408	360	280	248	208	146	65	1.8 至今

袋剑虎

目 · 袋犬目 · **科** · 袋剑虎科 · **属 & 种** · 暗黑袋剑虎，晶体袋剑虎

重要统计资料

化石位置：南美洲

食性：食肉动物

体重：90 千克

身长：2.5 米

身高：0.6 米

名字意义：“育幼袋与军刀状牙齿”，即长着军刀状牙齿的有袋类哺乳动物

分布：目前发现的大部分袋剑虎化石都位于阿根廷，少量化石位于南美洲的其他地区。

化石证据

我们对袋剑虎的了解大多源于两具袋剑虎的部分骨架，这两具骨架被发现于阿根廷的上新世沉积物中。但是其他更为完整的袋剑虎标本表明，它至少从中新世晚期存活到上新世时期，直到大约 200 万年前才灭绝。由于陆生食肉动物通常比食草动物更少，所以我们认为袋剑虎的化石数量会少于它猎物的化石数量。袋剑虎的爪子无法收缩，它的捕食习性可能和与它类似的猫科动物明显不同。除了猎豹外，所有猫科动物的爪子都能收缩，这样可以让爪子始终保持锋利。

史前动物
第三纪晚期

袋剑虎仿佛是一种有袋的剑齿虎，它在南美洲所处的食肉生态位和剑齿虎在北美洲的生态位是一样的。

袋剑虎的尖牙和外形都和剑齿虎的很像，这是因为这两种动物的捕食习性非常类似。二者一个明显的区别是，袋剑虎的身上有袋囊，或称育幼袋，可用来抚育幼崽。

灭绝

袋剑虎以及南美洲其他许多有袋类动物消失的时间与更新世美洲动物群落的交换时间差不多一致。

尖牙

人们通常将某些肉食性哺乳动物军刀状的牙齿视作刺伤猎物的利器，但袋剑虎的军刀状牙齿可能不够强壮，无法发挥这一作用。

时间轴（数百万年前）

540 | 505 | 438 | 408 | 360 | 280 | 248 | 208 | 146 | 65 | 1.8 至今

象龟

目 · 龟鳖目 · 科 · 陆龟科 · 属 & 种 · 阿特拉斯象龟

象龟大约生活在 11 550 年前，有时人们也会将它称为阿特拉斯象龟。象龟是有史以来体形最大的乌龟之一，很可能和如今加拉帕戈斯象龟很像。

重要统计资料

化石位置：印度西部、巴基斯坦，可能还有欧洲南部和东部、印度尼西亚的苏拉威西岛、东帝汶

食性：食草动物

体重：4 吨

身长：2.7 米

身高：1.8 米

名字意义："巨大的龟"，因为是有史以来体形最大的龟

分布：人们已在印度、巴基斯坦、印度尼西亚、东帝汶发现了象龟化石，另外在欧洲也有疑似象龟化石

化石证据

1835 年，苏格兰古生物学家休 · 法康纳博士在印度西北部的旁遮普邦发现了象龟化石。化石发现地的西瓦利克山脉位于喜马拉雅山脚处，那里还有许多其他史前动物的化石。由于过去（包括现在）大部分龟鳖目动物的体形都比较小，所以巨大的象龟可以说是非常与众不同。和今天的巨型乌龟一样，象龟也有四条巨大而强壮的腿，可用于支撑它庞大的体重。象龟光是它的壳就有差不多 2 米长。

壳

象龟曾是世界上最大的巨型乌龟之一。它的壳比巨型棱皮龟的壳还要长 60 厘米左右，巨型棱皮龟是如今最大的乌龟。

保护

当象龟遇到危险时，它会和现代乌龟一样，将头和腿缩回壳内以保护自己。

史前动物
第四纪（更新世）

时间轴（数百万年前）

540	505	438	408	360	280	248	208	146	65	1.8 至今

星尾兽

重要统计资料

化石位置：北美洲和南美洲

食性：食草动物

体重：2.03 吨

身长：3.6 米

身高：1.5 米

名字意义：“杵状尾巴”，因为它的尾巴上有锤

分布：人们已经在南美洲和北美洲，尤其是阿根廷的恩森那达组地层，发现了星尾兽化石

化石证据

星尾兽化石是阿根廷草原中最为常见的哺乳动物化石。与现代犰狳不同，星尾兽的甲壳是完全实心的，缺乏灵活性，不像犰狳的甲壳由带状骨板组成，其中还有铰链式关节，使犰狳的身体很灵活。星尾兽背上的甲壳由大而厚的皮内成骨（由骨头组成的骨板）组成，尾巴被包裹在一根长达 1.3 米的骨鞘中，末端还有尖刺。对于捕食者来说，星尾兽的尾巴是一种可怕的武器。

星尾兽是现代犰狳科动物的亲戚，它生活在更新世时期，直到大约 1.1 万年前的最后一次冰河时期末才灭亡。星尾兽的背部长有圆顶状的甲壳，由许多紧密排列的骨板组成。它的头部也长着一个“甲壳”，可以保护它免受攻击。星尾兽的尾巴上覆盖着一层骨头，末端长有尾锤，尾锤上长着锋利的尖刺。星尾兽栖息于草原和林地，那里有大量植物。

眼睛

星尾兽的眼睛很小，而且视野有限。

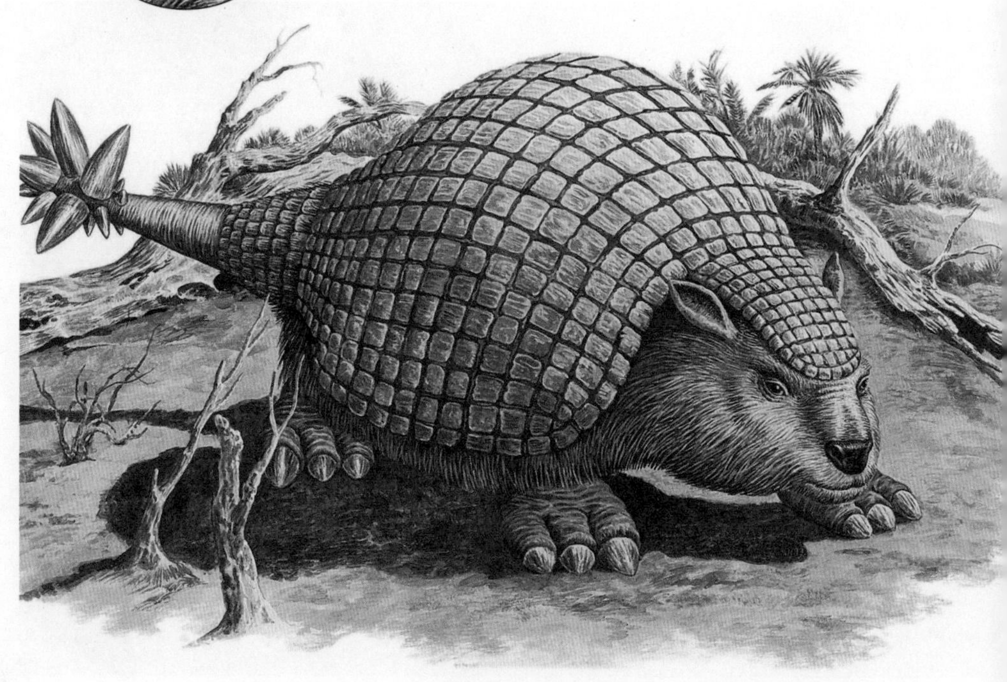

牙齿分布

星尾兽的颌部非常有力，嘴中的牙齿是食草动物所特有的。星尾兽曾在草原和林地中生活，它的嘴巴前面没有牙齿，但后面的牙齿非常适合用来研磨栖息地中的植物和树叶。

目 · 有甲亚目 · **科** · 雕齿兽亚科 · **属 & 种** · 星尾兽

猎人

在我们编的这套百科全书中，大部分史前动物都不曾和人类在地球上共存过，不过曾经生活在北美洲和南美洲的星尾兽却是个例外。大约 1.5 万年前，星尾兽还生活在南美洲，因此早期人类很可能会碰到这种动物并猎杀它。当星尾兽在被人类猎杀时，它的甲壳或许无法护它周全，因为人类和其他动物界的捕食者可不一样，人类可以远距离拉弓射箭杀死猎物。

甲壳

星尾兽的背上长着厚重的甲壳，尾锤上长有尖刺，因此对潜在的捕食者来说，它看上去似乎很可怕。

大型雕齿兽亚科动物

星尾兽是目前已知最大的雕齿兽亚科动物。它长着厚重的甲壳，是已经灭绝的潘帕兽科动物（潘帕斯草原的野兽）和现代犰狳科动物的大型亲戚。

时间轴（数百万年前）

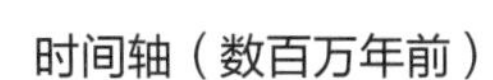

540 | 505 | 438 | 408 | 360 | 280 | 248 | 208 | 146 | 65 | 1.8 至今

刃齿虎

重要统计资料

化石位置：美国洛杉矶的拉布雷亚沥青坑、巴西的米纳斯吉拉州

食性：食肉动物

体重：100~400 千克

身长：6 米

身高：到肩膀的高度为 1.2 米

名字意义：“凿子状牙齿”，得名于它刀状的尖牙

分布：人们已经在北美洲和南美洲的沥青坑和岩石中发现了成千上万个刃齿虎化石

化石证据

人们已经在洛杉矶的拉布雷亚沥青坑发现了几百个刃齿虎化石。或许曾有许多猎物受困于沥青坑中，随后那些刃齿虎可能试图在此地捕杀猎物，终因陷入沥青之中而亡，因此古生物学家才可以研究几百个完整的刃齿虎骨架。1841 年，人们还在南美洲发现了大量刃齿虎化石，当时，丹麦古生物学家彼得·威廉·隆德在巴西米纳斯吉拉州的洞穴中发现了毁灭刃齿虎化石。

刃齿虎是一种猫科动物，有一对锋利而弯曲的长尖牙。虽然它和老虎的关系并不密切，但人们通常称它为长着刀状齿的老虎。刃齿虎是非常高效的杀手，会将嘴张大到 120°，然后用尖牙准确地杀害猎物，从而使猎杀更为有效。刃齿虎的腿很强壮，它有能力扑倒多种大型猎物，如野牛、麋鹿、鹿、猛犸象和乳齿象等。

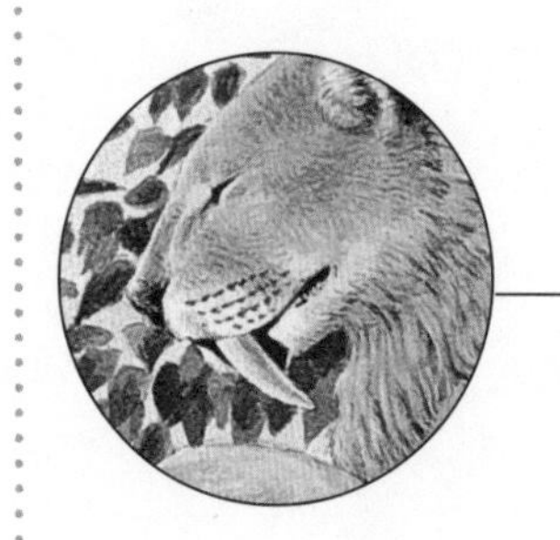

尖牙

刃齿虎的尖牙非常长，最长可达 17 厘米。

目 · 食肉目 · **科** · 猫科 · **属 & 种** · 在刃齿虎属内有众多物种

肥胖的猫科动物

在刃齿虎属内，目前人们正式承认了三个物种。其中最早得到承认的是纤细刃齿虎，它大约生活在 250 万年前。纤细刃齿虎的体重为 100 千克，是三种刃齿虎中体形最小的。致命刃齿虎大约生活在 160 万年前，而且它在北美洲和南美洲西部都生活过。致命刃齿虎要比纤细刃齿虎大得多，也重得多，它最重可达 220 千克。第三个物种是在 100 万年前出现的毁灭刃齿虎，它也是三个物种中体形最大的，体重为 400 千克。

美洲动物

在约 250 万年前至 1 万年前，刃齿虎曾在北美洲和南美洲生活，它曾经和早期人类共存。

捕食者

雄性刃齿虎的尖牙长度和雌性的差不多，由此可知两种刃齿虎都会捕食猎物。

抓住猎物

2007 年的一项研究似乎向我们展现了刃齿虎是如何将猎物杀死的。它先用上半身巨大的力量抓住大型猎物，然后和猎物扭打在一起。刃齿虎把猎物按倒在地，接着将尖牙刺进猎物的颈静脉，从而将猎物制服。随后刃齿虎的猎物很快就会因失血过多而死。

时间轴（数百万年前）

540	505	438	408	360	280	248	208	146	65	1.8 至

刃齿虎

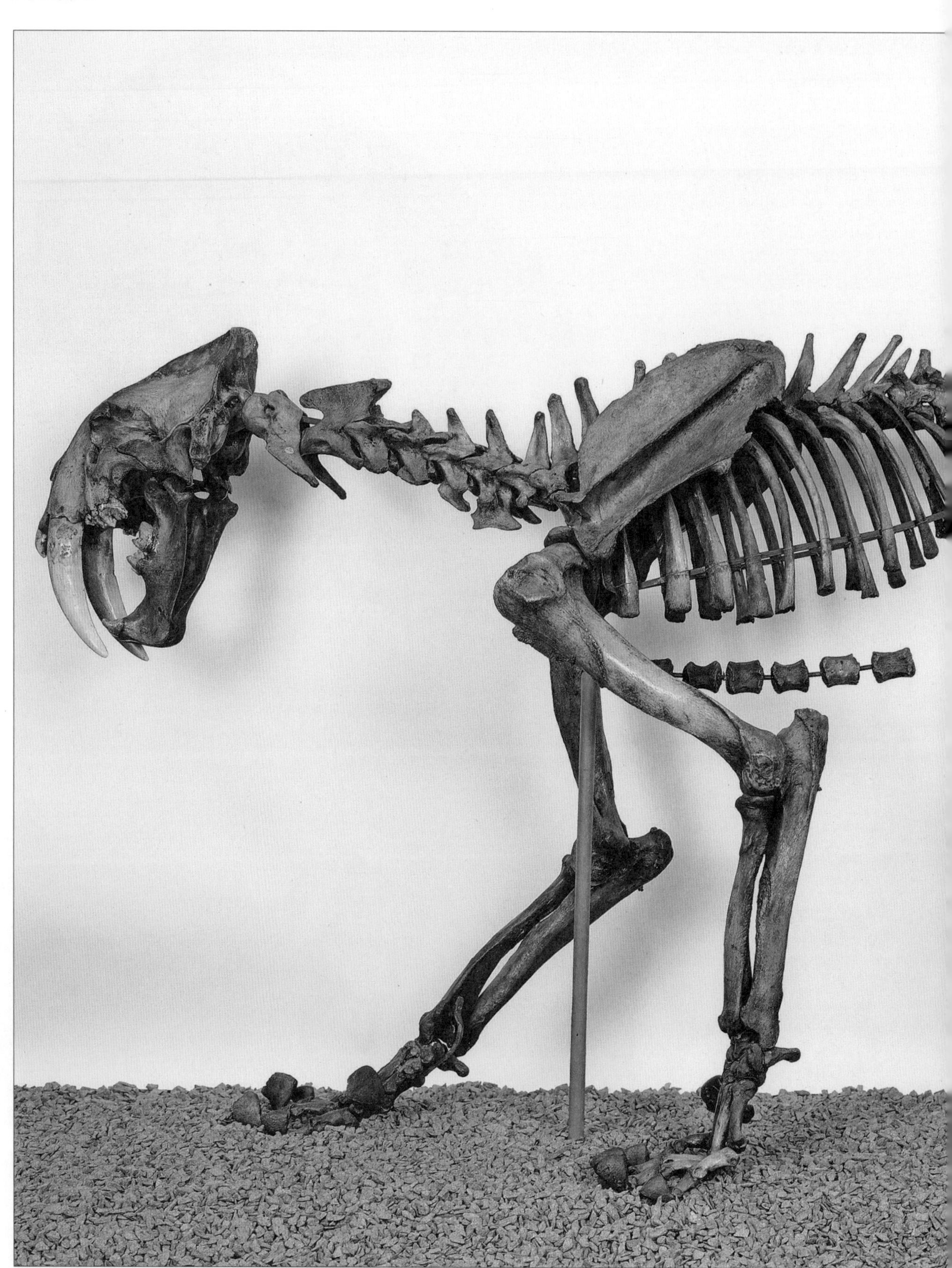

目·食肉目·**科**·猫科·**属 & 种**·在刃齿虎属内有众多物种

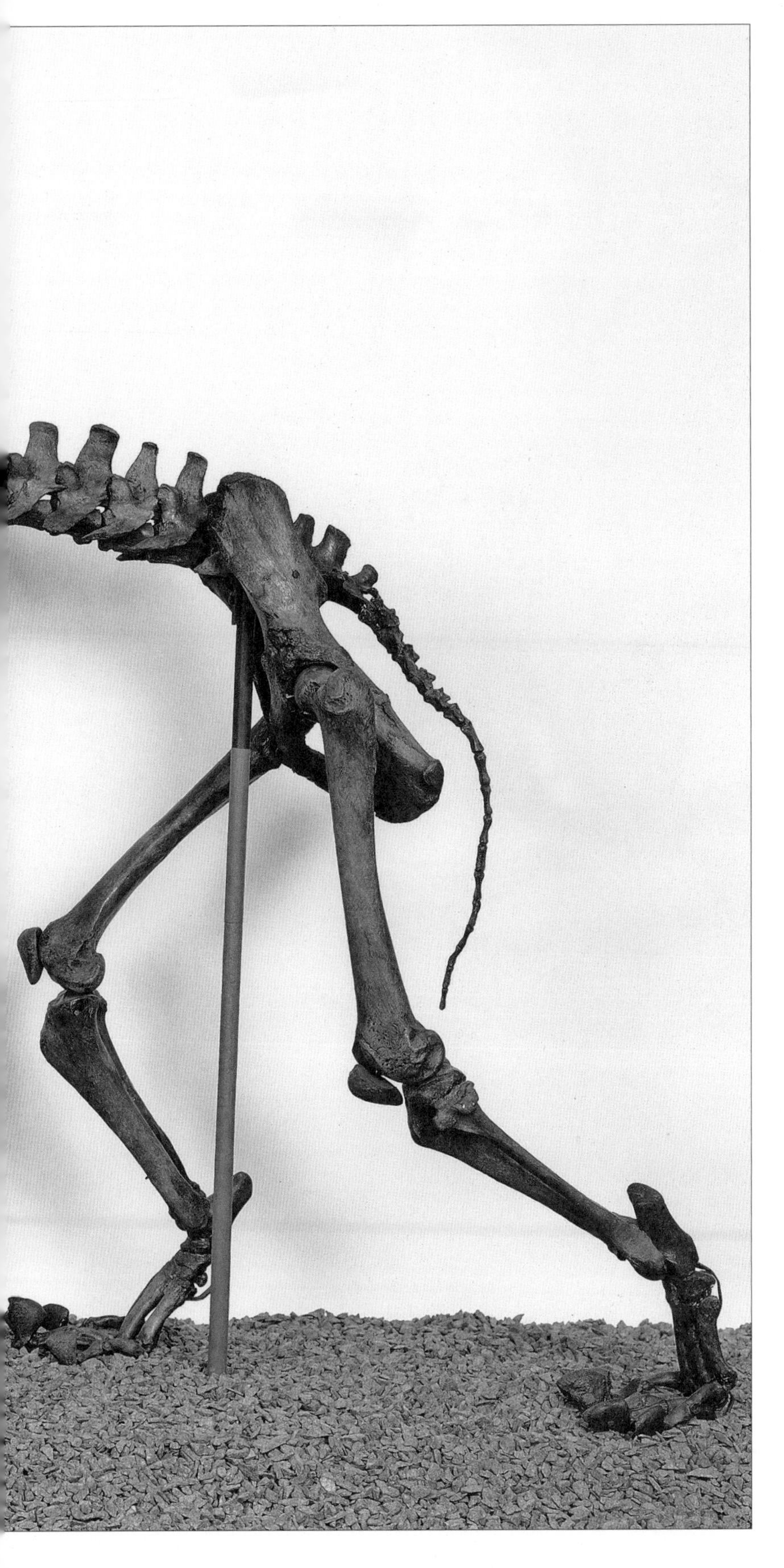

关于刃齿虎的发现

2007 年，《美国国家科学院院刊》发表了一篇报告，该报告认为虽然刃齿虎以凶狠著称，但它实际上是一种温顺的猫科动物。报告首先指出，刃齿虎和老虎、狮子这类凶猛物种并不属于同一物种。纽卡斯尔大学的古生物学家利用化石对刃齿虎的头骨和狮子的头骨进行了数字化重建，发现刃齿虎所能产生的咬合力只有狮子的三分之一。在计算机模拟的碰撞测试中，只要猎物仍然可以站立并且能够挣扎，刃齿虎头骨和颌部的力量就不足以将猎物杀死。然而在同样的情况下，狮子的表现就好很多，它可以牢牢控制住猎物直至将其杀死。对此，其中一位古生物学家科林·麦克亨利解释说："我们模拟了当这两种动物在捕食大型猎物时可能施加的力道。"这并不是两种动物优劣性的问题，造成这种差别的根本原因还是进化。看起来似乎是因为刃齿虎的下颌比较小，所以咬合力并不强，但它的下颌正是为了和长长的尖牙相匹配才进化成这样。

真猛犸象

重要统计资料

化石位置：北半球

食性：食草动物

体重：8 吨

身长：7.6 米

身高：3 米

名字意义：“地球鼹鼠”，或许是为了表明这是一种生活在河流附近且住在地下的神秘动物

分布：人们在北半球各地都发现了真猛犸象化石。寒冷气候在更新世时期更为普遍，真猛犸象的分布也反映了这一点

化石证据

人们已在北半球发现了大量真猛犸象化石。人们在西伯利亚永冻层发现了很多真猛犸象标本，其中一些标本由于被保存得太过完好而闻名于世。冰冻的标本中保存了真猛犸象的皮肤、毛发、眼睛、内脏、肌肉、胃容物、血液、寄生虫，甚至还有DNA。另外人们还发现了一些真猛犸象的木乃伊。近年来发现的一具木乃伊是有史以来被保存得最好的化石。人们对那具木乃伊进行电脑断层扫描，从而展现了其内脏。对于一种灭亡已久的物种来说，人们极少能研究它的内脏。气候变化造成大量北极冰川融化，由此也显露出了更多冰冻的化石。

史前动物
第四纪（更新世）

真猛犸象是典型冰河时期的野兽，人们通常将它视为最后一次冰河时期的象征。真猛犸象只是许多猛犸象物种中的一员。它是大象的大型亲戚，生活在寒冷的气候中，并且正如其名字所示，它的身上长着厚重的毛皮。相较于如今的大象来说，真猛犸象的颅顶更圆，而且背部呈一定坡度向尾巴延伸，如今大象的背部则更为平缓。

你知道吗？

就在距今 4000 年前，真猛犸象还曾生活在西伯利亚北部的弗兰格尔岛，其他猛犸象大多在 1 万年前就灭亡了。

象鼻

真猛犸象的鼻端仿佛长着两个肉质的“手指”，可以帮助它抓住食物。

目 · 长鼻目 · 科 · 象科 · 属 & 种 · 真猛犸象

你知道吗？

人们曾认为猛犸象是生活在地下的巨型穴居动物，一旦它们不小心突破地表，来到地面上，将自己暴露在阳光之下，就会死亡。曾有人据此解释为何猛犸象的木乃伊残骸上会有风化痕迹。

脚

真猛犸象的脚上长着宽阔的脚掌和柔软的脚垫，这些构造可以使它巨大的体重得到缓冲。

猛犸象大餐

由于一头真猛犸象实在是太大了，以至于宰割它的尸体将会是一项大工程，所以为了解决这个问题，人类可能会就地烹煮，而不会尝试去移动它的尸体。

时间轴（数百万年前）

540 | 505 | 438 | 408 | 360 | 280 | 248 | 208 | 146 | 65 | 1.8 至

真猛犸象

目·长鼻目·**科**·象科·**属&种**·真猛犸象

苔原猛犸象

真猛犸象，也常被称为苔原猛犸象，一直存活到公元前1700年左右才灭亡，所以早期人类会碰到这种动物，并且会捕杀它。真猛犸象也是最早被人类画下来的动物之一。史前人类会在洞穴的墙壁上画下真猛犸象的模样，一些古生物学家认为这是一种为了确保狩猎成功的习俗。真猛犸象是一种和大象很像的巨型动物，长着弯曲的长牙，体长可达5米。它曾生活在北美洲和欧亚大陆的极北地区及西伯利亚的冰冻荒漠之中。真猛犸象可以很好地抵御这些地方的严寒气候。它厚厚的毛皮最长可达90厘米，而且长毛下面还有能起到隔绝作用的绒毛。和现代非洲象长达180厘米的耳朵相比，真猛犸象的耳朵很小，只有30厘米长。耳朵越小，意味着暴露在低温环境中的皮肤表面积就越小。真猛犸象还有一层厚达8厘米的皮下脂肪层，这个特征也可以帮助它保持温暖的体温。

似剑齿虎

目·食肉目·**科**·猫科·**属&种**·在似剑齿虎属内有众多物种

所谓似剑齿虎，就是一种长着刀状牙齿的猫科动物。它生活在距今300万—1万年前。

重要统计资料

化石位置：北美洲、南美洲、欧亚大陆、非洲

食性：食肉动物

体重：250千克

身长：1.6米

身高：到肩膀的高度为1米

名字意义：可能是“人类的野兽”，因为人们在发现这种动物的第一批化石时，还一同发现了人类的遗骸和人造器物；也可能是“相似的野兽”，因为某些未被记录在册的相似性

分布：南美洲、北美洲、欧亚大陆和非洲

化石证据

根据化石，我们知道似剑齿虎和现在的猎豹一样，长着特别大的方形鼻孔。还有一点和猎豹很像的是，似剑齿虎的视觉皮质也很大，所以无论白天黑夜，它的视力都很好。另外这种猫科动物还和鬣狗很像。由于它的前腿很长，但是后腿比较短粗，因此当它站立时，背部会呈现一个向后的斜坡。为了捕食那些比它大得多的动物，似剑齿虎可能会成群狩猎。

鼻孔

似剑齿虎的鼻孔特别大，而且呈方形，当它追赶猎物时，这样的鼻孔非常有用，或许可以让它吸入更多空气。

尖牙

似剑齿虎非常适合杀戮，它的嘴中有长而锋利的尖牙。

史前动物
第四纪（更新世）

时间轴（数百万年前）

540 | 505 | 438 | 408 | 360 | 280 | 248 | 208 | 146 | 65 | 1.8 至今

披毛犀

目 · 奇蹄目 · 科 · 犀科 · 属 & 种 · 披毛犀

重要统计资料

化石位置：乌克兰、英格兰、比利时、德国

食性：食草动物

体重：3 吨

身长：3.7 米

身高：2 米

名字意义："中空的牙齿"

分布：披毛犀化石遍布欧洲和亚洲

化石证据

披毛犀属于生活在最后一次冰河时期的巨型动物，大约于 1 万年前灭亡了。最开始，人们是通过史前猎人在洞穴墙壁上留下的绘画认识披毛犀的。人们在乌克兰斯塔鲁尼亚的泥土中发现了第一批披毛犀化石，那是一个保存较好的雌性披毛犀的化石。人们还在德国和比利时发现了披毛犀的头骨化石。其他化石要么冻在冰中，要么深埋在充满石油的地下。

史前动物
第四纪（更新世）

大约 35 万年前，披毛犀（长毛犀牛）首次在欧洲出现，当时差不多处于最后一次冰河时期的中期。披毛犀在地球上生活了很长一段时间，以至于早期人类得以有机会猎杀它。

前唇

披毛犀的前唇很宽，它可以用前唇将植物咬断并吃进嘴中。

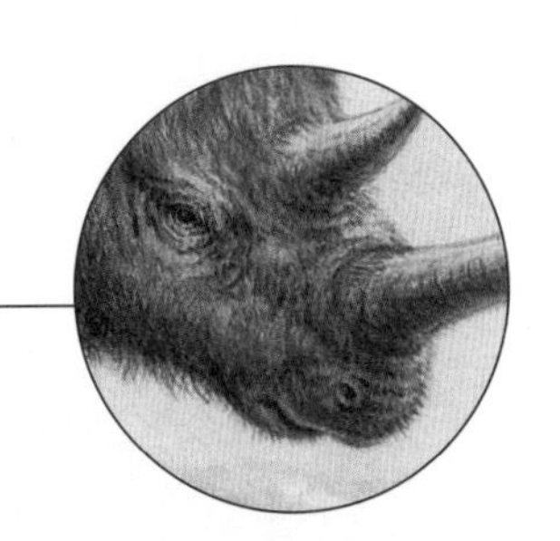

毛皮大衣

披毛犀的毛皮厚重而蓬松，可以帮它抵御欧洲冰河时期寒冷的天气。

头骨

披毛犀石化的头骨长达 76 厘米。

时间轴（数百万年前）

540	505	438	408	360	280	248	208	146	65	1.8 至今

双门齿兽

目·双门齿目·**科**·双门齿科·**属 & 种**·在双门齿兽属内有众多物种

重要统计资料

化石位置：澳大利亚

食性：食草动物

体重：2.8 吨

身长：3 米

身高：到肩膀的高度为 1.7 米

名字意义："两颗门齿"，得名于它两颗醒目的门牙

分布：人们已经在澳大利亚的新南威尔士州、达令山丘、昆士兰州和卡拉伯纳湖发现了双门齿兽化石

化石证据

19 世纪 30 年代早期，人们在澳大利亚新南威尔士州惠灵顿附近的一个山洞中发现了首批双门齿兽化石，大约十年后，人们又在昆士兰州发现了第二批化石。化石表明双门齿兽的脚是朝内的，而且由足印可知，它的身上有毛发覆盖。一些发现表明双门齿兽是因干旱而死。卡拉伯纳湖的泥土中包含了几百只同时死去的双门齿兽。虽然它们的身体很完整，但是头部都被压碎了。人们已经发现了不止一只袋中有死去幼崽的雌性双门齿兽骨架。

史前动物
第四纪（更新世）

双门齿兽现存的亲戚是袋熊和考拉。在更新世的大部分时间里，双门齿兽曾生活在澳大利亚的森林、林地和草原中。它们于 160 万年前首次出现。

照顾幼崽

和如今很多动物一样，双门齿兽也会悉心照顾幼崽，并教它们如何生存。

大型有袋类动物

双门齿兽和现代河马差不多大，也是目前已知的有史以来最大的有袋类动物。

时间轴（数百万年前）

540	505	438	408	360	280	248	208	146	65	1.8 至

大角鹿

目 · 偶蹄目 · 科 · 鹿科 · 属 & 种 · 在大角鹿属内有众多物种

大角鹿属中最知名的物种就是爱尔兰麋鹿。爱尔兰麋鹿的体形很大，它生活在开阔的树林或草原上。其他生活在地中海地区的物种则比爱尔兰麋鹿小很多。

鹿角

大角鹿绚丽的鹿角不仅可以吸引潜在的配偶，还可以使其他雄性竞争对手自惭形秽。

后肢

大角鹿的后肢非常强壮，可以帮助它逃离危险。

重要统计资料

化石位置：欧洲、亚洲

食性：食草动物

体重：各异

身长：各异

身高：爱尔兰麋鹿，到肩膀的高度为 2 米；克里特岛种，到肩膀的高度为 65 厘米

名字意义：“巨大的角”，因为它有着巨大的鹿角

分布：人们已经在英国、爱尔兰、法国、克里特岛、中国和日本发现了大角鹿化石

化石证据

目前在大角鹿属中，人们已经确认了九种物种，其中最早被确认的是暗色大角鹿。暗色大角鹿生活在更新世早期的欧洲地区。不同种类的大角鹿长着不一样的鹿角，由此我们可以看出不同的物种之间体形会有差异。举例来说，暗色大角鹿的鹿角长而歪斜，而在法国发现的萨维尼大角鹿的鹿角则又直又尖。肿骨大角鹿的鹿角又长又弯曲，它曾生活在中国和日本。在所有大角鹿中，爱尔兰麋鹿（或称为大角鹿模式种）的鹿角是最绚烂的，鹿角从头部延伸，形成宽而平的角板，边缘有尖尖的分叉。

史前动物
第四纪（更新世）

时间轴（数百万年前）

540 505 438 408 360 280 248 208 146 65 1.8 至今

雕齿兽

重要统计资料

化石位置：北美洲和南美洲

食性：食草动物

体重：1 吨

身长：1.8 米

身高：未知

名字意义：“带沟槽的牙齿或有雕痕的牙齿”，可能得名于它又尖又长的下颚骨

分布：我们已经在北美洲和南美洲发现了大量雕齿兽化石。在这些化石的帮助下，我们可以明白在中美洲形成的更新世时期，动物群是如何在北美洲和南美洲之间迁徙的

化石证据

雕齿兽化石常见于南美洲的更新世沉积物中。雕齿兽属早在 100 多万年前就存在了，直到大约 1 万年前才灭亡。人们至少在 19 世纪 20 年代就发现了雕齿兽化石，如今雕齿兽化石数量依然很多。不过人类其实在很久以前就和雕齿兽有了交集。人类很早就到达了美洲，那时距离雕齿兽灭亡还有几千年之久，因此人类应该对当时还存活的雕齿兽很熟悉。雕齿兽所属的雕齿兽亚科动物在更新世末期来到了北美洲。

雕齿兽是一种身披甲胄的大型哺乳动物，它和现代犰狳科动物关系密切。雕齿兽显然行动十分缓慢，不过对于一种从头到尾都覆盖着沉重甲胄的动物来说，行动缓慢并不是什么巨大的劣势。它的背上长着一个骨质壳，这个壳由 1000 多块厚度为 2.5 厘米的皮内成骨组成。

头

雕齿兽无法将头缩进壳内，它的颅顶处另有一个骨冠可以保护其头部。

目·有甲亚目·**科**·雕齿兽科·**属 & 种**·在雕齿兽属内有众多物种

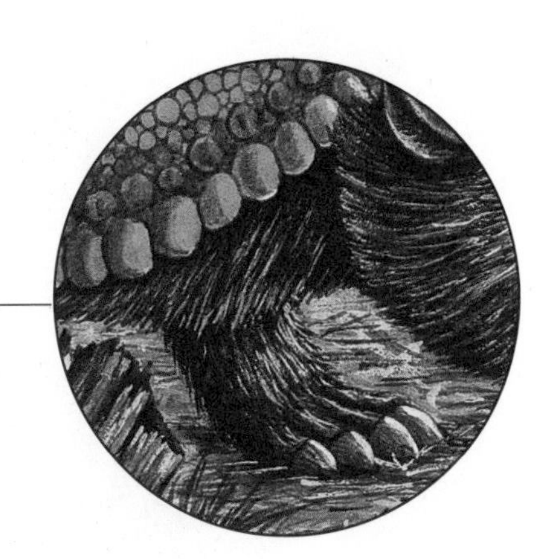

支撑

为了支撑身上所有骨板，雕齿兽需要许多更强壮的骨骼，例如短而巨大的四肢、较宽的肩胛骨和融合在一起的脊椎骨。

时间轴（数百万年前）

540	505	438	408	360	280	248	208	146	65	1.8 至今

目（CIP）数据

的史前怪兽 / 英国琥珀出版公司编著 ；
州 ： 甘肃科学技术出版社， 2020. 11
7-5424-2603-1

Ⅰ. ①恐… Ⅱ. ①英… ②王… Ⅲ. ①古动物学－儿童读物 Ⅳ. ①Q915-49

中国版本图书馆 CIP 数据核字 (2020) 第 225678 号

著作权合同登记号：26-2020-0102

恐龙灭绝后的史前怪兽

［英］英国琥珀出版公司 编著
王凌宇 译

责任编辑 何晓东
封面设计 韩庆熙

出 版 甘肃科学技术出版社
社 址 兰州市读者大道 568 号 730030
网 址 www.gskejipress.com
电 话 0931-8125103（编辑部）0931-8773237（发行部）
京东官方旗舰店 https://mall. jd. com/index-655807.html

发 行 甘肃科学技术出版社 印 刷 雅迪云印（天津）科技有限公司
开 本 889mm × 1194mm 1/16 印 张 7.25 字 数 99 千
版 次 2021 年 1 月第 1 版
印 次 2021 年 1 月第 1 次印刷
书 号 ISBN 978-7-5424-2603-1
定 价 48.00 元